高等院校"十三五"规划教材

有限元分析技术

——以 ANSYS Workbench 17.0 为工具软件

主 编 白 瑀

副主编 张小粉 曹 岩

参 编 杜 江 王强锋

西安电子科技大学出版社

内 容 简 介

本书以 ANSYS Workbench 17.0 为基础，通过理论结合实践的讲解方式，全面、系统地介绍了有限元分析工具 ANSYS Workbench 17.0 在工程分析领域内的具体应用，内容包括 ANSYS Workbench 17.0 的基础知识及操作、几何建模、网格划分、约束及载荷的施加、模型的求解与后处理、结构线性静力分析、动力学分析等。

本书以应用为目的，融合有限元分析的基础知识和 ANSYS Workbench 17.0 应用实例为一体，从 ANSYS Workbench 17.0 软件最基本的使用开始，突出理论与实践相结合，加强基本概念的描述，图文并茂，系统性强，注重 ANSYS Workbench 17.0 的实用性和对学生自主思维能力的培养。

本书可作为机械、土木、工程力学、航空航天等专业的工科专业本科生、研究生教材及教师的参考书及教学用书，也可作为相关领域从事产品设计、仿真与优化的工程技术人员和广大 CAE 爱好者的学习参考书。

图书在版编目(CIP)数据

有限元分析技术/白瑀主编. —西安：西安电子科技大学出版社，2019.6
ISBN 978-7-5606-5235-1

Ⅰ. ① 有… Ⅱ. ① 白… Ⅲ. ① 有限元分析—应用软件 Ⅳ. ① O241.82-39

中国版本图书馆 CIP 数据核字(2019)第 055706 号

策划编辑　刘百川
责任编辑　张　玮
出版发行　西安电子科技大学出版社(西安市太白南路 2 号)
电　　话　(029)88242885　88201467　　邮　编　710071
网　　址　www.xduph.com　　电子邮箱　xdupfxb001@163.com
经　　销　新华书店
印刷单位　咸阳华盛印务有限责任公司
版　　次　2019 年 6 月第 1 版　2019 年 6 月第 1 次印刷
开　　本　787 毫米×1092 毫米　1/16　印　张　14
字　　数　329 千字
印　　数　1~2000 册
定　　价　35.00 元
ISBN 978-7-5606-5235-1 / O
XDUP 5537001-1
如有印装问题可调换

前　　言

随着计算机技术及应用的迅速发展，计算机辅助工程技术得到迅猛发展并深入产品设计生产过程的各个环节。ANSYS Workbench 作为经典的有限元分析工具，实现了产品设计、仿真和优化功能的集成，在电子、造船、航空、航天、机械、建筑、汽车等各个领域得到了广泛的应用，大大缩短了产品的开发周期，成为了最具有生产潜力的工具，展示了光明的前景，取得了巨大的经济效益。

本书根据高等教育培养目标以及 ANSYS 有限元分析课程教学的基本要求，以最基本和最常用的功能为主，重点突出 ANSYS Workbench 17.0 的基本概念、应用方法和应用技巧，注重理论与实践相结合、讲解内容与实例融为一体，在实例中对软件的主要命令和功能进行讲解，从而提高学生的分析能力，使学生更容易掌握该软件。

本书以应用为教学目的，结合工程实例来讲解 ANSYS Workbench 17.0 仿真及其应用。全书共分 9 章，具体内容如下：

第 1 章为系统概述，简要介绍了 CAE 技术的概念、分类、发展、应用以及 ANSYS 软件的特点及安装。

第 2 章为 ANSYS Workbench 17.0 操作环境，主要介绍了 ANSYS Workbench 17.0 的基础知识，包括 Workbench 的基本功能、操作界面及文件管理。

第 3 章为 ANSYS Workbench 17.0 分析基本步骤，简要介绍了 ANSYS Workbench 17.0 分析的基本步骤，包括工程项目的创建、模型建立、网格划分、载荷的施加及后处理。

第 4 章为几何建模，主要介绍了 DesignModeler 的使用方法，其中包括草图的绘制、3D 几何体的创建、外部 CAD 文件的导入、概念建模及几何体实例的创建等。

第 5 章为网格划分，主要介绍了 ANSYS Workbench 17.0 中的 Meshing 平台网格划分方法，通过实例讲解了 3D 几何划分、扫掠网格划分及多区网格划分。

第6章为施加载荷和约束，主要介绍了分析类型、载荷的类型及施加约束。

第7章为模型求解与后处理，主要介绍了求解环境、类型和后处理的操作。

第8章为结构线性静力分析，主要介绍了线性静力学结构分析的一些基础理论和操作方法，包括创建实体、添加工程材料、划分网格、施加载荷与约束线、模型求解、结果及后处理。

第9章为动力学分析，通过工程实例介绍了模态分析、谐响应分析、瞬态动力学分析及结构优化分析的基本流程。

本书根据机电类专业教学大纲及基本要求，结合高等教育的特点和规律以及高等教育有限元分析技术的教学实践，参考ANSYS有限元分析相关领域的应用编写而成。

西安工业大学白瑀编写了第1章，并负责全书的统稿工作；咸阳职业技术学院张小粉编写了第2、3章；西安工业大学曹岩编写了第4、5章；西安工业大学杜江编写了第6、7章；西安工业大学王强锋编写了第8、9章。编者在编写本书的过程中，得到了西安工业大学领导和同事的极大关怀、帮助和鼓励，并得到了他们的许多宝贵意见和建议，在此表示衷心的感谢。

由于时间仓促，加之作者水平有限，书中的不足之处在所难免，敬请广大读者批评指正。

编　者
2019年2月

目 录

第 1 章 系统概述 ··· 1
1.1 CAE 概念与分类 ·· 1
1.2 CAE 技术及其应用 ··· 2
1.3 CAE 系统的发展 ·· 4
1.4 有限元法基础理论 ·· 6
1.5 ANSYS 的发展与应用领域 ·· 7
1.6 ANSYS 软件的组成与特点 ·· 9
1.7 ANSYS 主要分析产品系列 ··· 10
1.8 ANSYS 的安装与启动 ··· 11

第 2 章 ANSYS Workbench 17.0 操作环境 ······························ 17
2.1 ANSYS Workbench 17.0 概述 ·· 17
2.2 ANSYS Workbench 17.0 的基本操作界面 ························· 19
2.3 ANSYS Workbench 17.0 菜单栏 ····································· 21
2.4 ANSYS Workbench 17.0 工具箱 ····································· 28
2.5 ANSYS Workbench 17.0 项目管理区 ······························· 31
2.6 Workbench 项目管理 ··· 33
2.7 Workbench 文件管理 ··· 34

第 3 章 ANSYS Workbench 17.0 分析基本步骤 ························ 36
3.1 工程项目创建 ··· 36
3.2 模型建立 ·· 40
3.3 网格划分 ·· 40
3.4 加载并求解 ··· 41
3.5 后处理 ··· 42
3.6 Workbench 案例 ··· 43

第 4 章 几何建模 ··· 56
4.1 认识 DesignModeler ·· 56
    4.1.1 进入 DesignModeler ·· 56
    4.1.2 DesignModeler 的操作界面 ··································· 57
    4.1.3 菜单栏介绍 ·· 58
    4.1.4 工具栏 ·· 65

  4.1.5 DesignModeler 的鼠标操作 ... 65
 4.2 DesignModeler 草绘模式 ... 66
 4.3 创建 3D 几何体 ... 68
 4.4 导入外部 CAD 文件 ... 72
 4.5 概念建模 ... 73
 4.6 创建几何体案例 ... 77

第5章 网格划分 ... 85
 5.1 网格划分平台 ... 85
 5.2 3D 几何网格划分 ... 90
 5.3 网格参数设置 ... 93
  5.3.1 缺省参数设置 ... 94
  5.3.2 尺寸控制 ... 95
  5.3.3 膨胀控制 ... 97
  5.3.4 高级设置 ... 99
  5.3.5 网格信息 ... 100
 5.4 扫掠网格划分 ... 103
  5.4.1 扫掠划分方法 ... 103
  5.4.2 扫掠网格控制 ... 105
 5.5 多区网格划分 ... 105
 5.6 网格划分案例 ... 106

第6章 施加载荷和约束 ... 114
 6.1 选择分析类型 ... 114
 6.2 加载环境与菜单 ... 115
 6.3 施加约束 ... 117

第7章 模型求解与后处理 ... 119
 7.1 模型求解 ... 119
  7.1.1 求解环境与菜单 ... 119
  7.1.2 求解器类型 ... 120
 7.2 后处理操作 ... 121
  7.2.1 查看结果 ... 121
  7.2.2 变形显示 ... 126
  7.2.3 应力和应变 ... 126
  7.2.4 接触结果 ... 128
  7.2.5 自定义结果显示 ... 128

第8章 结构线性静力分析 ... 130
8.1 概述 ... 130
8.2 静力分析基础 ... 130
8.3 静力分析过程 ... 131
8.4 实体静力分析案例 ... 131
8.5 复杂实体静力分析案例 ... 140

第9章 动力学分析 ... 151
9.1 概述 ... 151
9.2 动力学分析 ... 151
9.3 动力学分析的阻尼 ... 155
9.4 动力学分析的类型 ... 155
9.5 模态分析 ... 157
9.6 模态分析案例 ... 158
9.7 有预应力模态分析案例 ... 168
9.8 谐响应分析 ... 179
9.9 底座架谐响应分析案例 ... 180
9.10 瞬态动力学分析 ... 193
9.11 瞬态动力学分析案例 ... 194
9.12 结构优化分析 ... 206
9.12.1 结构优化设计概述 ... 206
9.12.2 Workbench 结构优化分析简介 ... 207
9.12.3 Workbench 结构优化分析 ... 207
9.13 优化分析案例——响应曲面优化分析 ... 208

第1章 系统概述

【学习目标】

- 熟悉 CAE 的概念与分类、CAE 技术及其应用；
- 熟悉 CAE 系统的发展和有限元基础理论；
- 熟悉 ANSYS Workbench 软件的组成、特点及安装步骤。

本章的主要目的在于对计算机辅助工程(CAE)分析进行概念性的阐述，包括 CAE 的概念与分类、CAE 技术及其应用、CAE 系统的发展、有限元法基础理论、ANSYS 的发展与应用领域、ANSYS 软件的组成与特点、ANSYS 主要分析产品系列、ANSYS 的安装与启动等主要内容。希望通过本章给读者建立计算辅助工程分析的概念，为进一步掌握计算机辅助工程分析方法奠定基础。

1.1 CAE 概念与分类

CAE 是 Computer Aided Engineering(计算机辅助工程)的缩写，是计算机技术和工程分析技术相结合形成的新兴技术。CAE 的核心技术是有限元理论和数值计算方法。CAE 软件是由计算力学、计算数学、结构动力学、数字仿真技术、工程管理学与计算机技术相结合而形成的一种综合性、知识密集型信息产品。经过几十年的发展，CAE 软件分析的对象逐渐由线性系统发展到非线性系统，由单一的物理场发展到多场耦合系统，并在航空、航天、机械、建筑、土木工程、爆破等领域获得了成功的应用。随着计算机技术、CAD 技术、CAPP 技术、CAM 技术、PDM 技术和 ERP 技术的发展，CAE 技术逐渐与它们相互渗透，向多种信息技术的集成方向发展。

对 CAE 进一步分析，其在机械工程学科的具体含义表现为以下几个方面：

(1) 运用工程数值分析中的有限元等技术分析计算产品结构的应力、变形等物理场量，给出整个物理场量在空间与时间上的分布，实现结构从线性、静力计算分析到非线性、动力的计算分析。

(2) 运用过程优化设计的方法在满足工艺、设计的约束条件下，对产品的结构、工艺参数、结构形状参数进行优化设计，使产品结构性能、工艺过程达到最优。

(3) 运用结构强度与寿命评估的理论、方法、规范，对结构的安全性、可靠性以及使用寿命做出评价与估计。

(4) 运用运动/动力学的理论、方法，对由 CAD 实体造型设计出的机构、整机进行运动/动力学仿真，给出机构、整机的运动轨迹、速度、加速度以及动反力的大小等。

从广义上说,计算机辅助工程包括很多种类,从字面上讲,它可以包括工程和制造业信息化的所有方面,但是传统的 CAE 是指 CAE 软件,主要指用计算机对工程和产品进行性能与安全可靠性分析,对其未来的工作状态和运行行为进行模拟,及早发现设计缺陷,并证实未来工程、产品功能和性能的可用性及可靠性。

CAE 软件可以分为两类:

(1) 针对特定类型的工程或产品所开发的用于产品性能分析、预测和优化的软件,称之为专用 CAE 软件。

(2) 可以对多种类型的工程和产品的物理、力学性能进行分析、模拟、预测、评价和优化,以实现产品技术创新的软件,称之为通用 CAE 软件。

CAE 软件的主体是有限元分析(Finite Element Analysis,FEA)软件。国外常用的 CAE 软件如表 1-1 所示。可以看出,目前在 CAE 分析过程中所采用的商业软件大部分出自美国。

表 1-1 国外常用的 CAE 软件

软件名称	开发商	类型	软件名称	开发商	类型
MCS.Nastran	MSC,美国	通用 CAE	CFX	AEA(后被 ANSYS 并购),英国	CFD 专用 CAE
ABAQUS	ABAQUS(后被 Dassault Systems 并购),美国	通用 CAE	Fluent	Fluent Inc.(后被 ANSYS 并购),美国	CFD 专用 CAE
LS-DYNA	LSTC,美国	通用 CAE	Flow-3D	Flow Science Inc.,美国	CFD 专用 CAE
ANSYS	ANSYS Inc.,美国	通用 CAE	Dynaform	ETA,美国	成型过程专用 CAE
LMS	LMS International,比利时	NVH 专用实验与 CAE	Autoform	Autoform Engineering,瑞士	成型过程专用 CAE
FE-Fatigue	nCode International,英国	疲劳分析专用 CAE	Fastform	FTI,加拿大	成型过程专用 CAE
MARC	MARC(后被 MSC 并购),美国	通用 CAE	Deform	SFTC,美国	成型过程专用 CAE
ADAMS	MDI(后被 MSC 并购),美国	多体刚体动力学专用 CAE	Hypermesh	Altair Engineering Inc.,美国	通用 CAE 前后处理
Sysnoise	LMS International,比利时	声学专用 CAE	ANSA	Beta CAE Systems S.A.,希腊	通用 CAE 前处理

1.2 CAE 技术及其应用

CAE 技术的理论基础起源于 20 世纪 40 年代,自 1943 年数学家 Courant 第一次尝试用定义在三角形区域上的分片连续函数的最小位能原理来求解 St.Venant 扭转问题以来,一些应用数学家、物理学家和工程师也由于种种原因涉足有限元的概念，直到 1960 年以后，随着电子计算机的广泛应用和发展，有限元技术依靠数值计算方法才迅速发展起来。1963 年至 1964 年科学家们证明了有限元法是基于变分原理的里兹(Ritz)法的另一种形式，从而使得里兹法分析的所有理论基础都适应于有限元法，确认了有限元法是处理连续介质问题的一种普遍方法。以此为理论指导，有限元法的应用有了很多方面的发展：

(1) 由弹性力学的平面问题扩展到空间问题、板壳问题；可对拱坝、涡轮叶片、飞机、船体、冶金机械等复杂结构进行应力分析。

(2) 由静力平衡问题扩展到稳定性问题、动力学问题和波动问题；可对结构在地震力与波浪力作用下的动力响应进行分析。

(3) 由固体力学扩展到流体力学、渗流与固结理论、热传导与热应力问题、磁场问题(例如感应电动机的磁场分析)以及建筑声学与噪声问题。

(4) 由工程力学扩展到力学的其他领域，例如冰川与地质力学、血管与眼球力学等。

经过这些发展，有限元分析技术逐渐由传统的力学分析和校核延伸到优化设计、仿真分析，并与计算机辅助设计和辅助制造密切结合，形成了现在 CAE 技术的框架。

CAE 已广泛应用于工业界的各个行业，如汽车、航空航天、舰船、重型机械、精密机械、土木建筑、化工、水利、材料、电力和电子及某些制造行业。

借助 CAE 技术，一家英国的汽车业咨询公司 TWR 短时间内(15 周)完成一个紧凑型家庭轿车(Compact Family Car)全尺寸模型的设计、验证和制造。

通过使用非线性仿真软件 MSC.Dytran 和 MSC.Marc 重现世贸大楼倒塌全过程，美国政府的研究人员们找到了为什么世贸大楼在仅仅一个小时之内就坍塌了的原因。

美国空军的研发人员对战斗机 YF-23 采用 CAE 中的计算流体力学(CFD)进行气动设计后比前一代 YF-17 减少了 60%的风洞实验量。目前在航空、航天、汽车等工业领域，利用 CFD 进行的反复设计、分析、优化已成为标准的必经步骤和手段。

美国著名的 Rockwell 自动化公司利用目前世界上唯一的电磁场 CAE 专用软件 Ansoft，集成分析和设计电机驱动器，使得原来由电子工程师、电气工程师、动力工程师、机械工程师、控制工程师、技术员组成的 10~12 人的研发队伍下降到 5~6 人，研发费用从 150 万~200 万美元降至 100 万美元左右，研发时间由 1 年半~2 年缩短为 6 个月，取得了极为显著的技术经济效益。

Altair 公司采用虚拟设计和虚拟实验平台，应用其旗下的 CAE 工具软件 Optistruct 的拓扑形状优化技术和最佳质量分布技术，使空中客车超大型机 A380 的机翼装配系统减少 500kg 重量且提高了性能指标。

以整个工业界而言，飞机制造和汽车制造业是 CAE 应用最为成熟和深入的领域，所有国际上著名的飞机和汽车厂商以及他们的一级(Tier 1)零部件供应商都有专门的 CAE 部门，在耐久性、振动与噪声、碰撞与安全性、CFD、热分析以及冲压成型等方面分析零件、系统和整机的运行行为和性能。可以毫不夸张地说，现代的飞机、汽车的研发和设计已离不开 CAE 全面深入的应用。以福特汽车公司为例，它在 20 世纪 90 年代初就形成了概念研究(Conception Research)→高级工程中心(Advanced Engineering Center，AEC)→产品开发中心(Product Development Center，PDC)→当前生产(Current Production)的新车型研发序列，在前三个环节中，针对不同的设计阶段，按分析类型，不同的 CAE 部门针对不同的车型开发平台负责专门的分析工作，并有内部的 CAE 分析规范，包括设计目标值、分析的时限控制、模型质量要求、各种标准的约束和载荷工况、分析报告的形式和要求、与 CAD 以及实验的交互和相关性要求等。对于碰撞与安全性分析，还必须满足美国高速公路管理局强制要求的碰撞工况模拟分析和设计标准。

在钢铁冶金行业，CAE 也有许多成功应用的实例。美国的 INTEG Process Group 研制的 INTEG Hot Strip Mill Model (HSMM)，是一个可在 PC 上离线仿真模拟板带热轧(包括可逆式轧机和连轧机)过程的 CAE 专用软件，用以预测轧制温度变化、轧制力/力矩、轧件最终的机械性能，甚至轧件微观结构的变化。Metal Pass LLC 利用成型仿真 CAE 专用软件 Autoform 和 Freeform 作为求解器，二次开发出专用于型钢多道次轧制的孔型设计 CAE 软件包。ABAQUS 公司和英国最大的轨梁钢制造商 Corus 公司共同开发出集成的用于多道次长钢轨轧制过程模拟仿真的 CAE 分析系统，用于稳定轧制、各道次之间轧件温度瞬态变化、塑性应变/应力变化等轧制过程参数的计算及预报。ABAQUS 强大的非线性和接触问题功能也被用于仿真模拟冷轧机和平整机的轧制过程这类"热接触"的热-固耦合的问题。CAE 技术相当广泛地用于连续铸钢过程，对这种热-流-固耦合的复杂过程的建模、仿真和工艺参数优化已能做到在线控制(如对二冷段的动态控制)和离线模拟(以深入理解过程各工艺及控制参数的变化)，达到了工业实用化的阶段。在日本和欧洲，CAE 在轧制过程仿真及轧钢设备的设计方面的应用已有近 20 年的历史，这方面 CAE 现在已成为规范化、过程化的仿真设计计算手段。基于轧制过程的非线性特点，MARC Analysis Research Corporation(MARC)公司在欧洲将其作为非线性有限元技术的重点应用对象。

1.3 CAE 系统的发展

1960—1970 年，有限元的理论及其相关的数值方法处于发展阶段，分析的对象主要是航空航天设备结构的强度、刚度以及模态实验和分析问题，又由于当时的计算机的硬件内存少、磁盘的空间小、计算速度慢等特点，CAE 软件处于探索时期。1963 年 MacNeal-Schwendler Corporation(MSC)公司成立，开发了第一个结构分析软件 SADSAM。MSC 于 1965 年和美国计算科学公司、贝尔航空系统公司一起参与美国国家航空及航天局 (NASA)发起的 NASTRAN 有限元分析系统的研究和开发，在 1972 年以后独立地拥有并商业运作 MSC.NASTRAN。1967 年在 NASA 的支持下 SDRC 公司成立，并于 1968 年发布了世界上第一个动力学测试及模态分析软件包，1971 年推出商业用有限元分析软件 Supertab (后并入 I-DEAS)。1970 年 Swanson Analysis System, Inc.(SASI)成立，后来重组后改称 ANSYS 公司，开发 ANSYS 软件。当时世界上的这三大 CAE 公司先后完成了组建工作，致力于大型商用 CAE 软件的研究与开发。

1970—1980 年代是 CAE 技术蓬勃发展的时期，一方面 SDRC、MSC、ANSYS 等在技术和应用方面继续创新外，新的 CAE 商业软件公司迅速成立。1971 年 MARC 公司成立，致力于发展用于高级工程分析的通用有限元程序，Marc 程序重点处理非线性结构和热应力问题。1977 年 Mechanical Dynamics Inc.(MDI)公司成立，其软件 ADAMS 应用于机械系统运动学、动力学仿真分析。1978 年 Hibbitt Karlsson & Sorensen Inc.公司成立，其 ABAQUS

软件主要应用于结构非线性和接触问题分析。1983 年 CSAR 成立。其 CSA/NASTRAN 主要针对大结构、流-固耦合、热及噪声分析。1983 年 AAC 公司成立，其程序 COMET 主要用于噪声及结构噪声优化等领域。Computer Aided Design Software Inc 的 PolyFEM 软件包提供线性静态、动态及热分析。1986 年 ADINA 公司组建，其软件亦为结构、流体及流-固耦合的大型通用有限元分析软件。1987 年 Livermore Software Technology Corporation 成立，其产品 LS-DYNA 及 LS-NIKE30 用隐式上算法求解低高速动态特征问题。1988 年 Flomerics 公司成立，提供用于子系统内部空气流及热传递的分析程序。1989 年 Engineering Software Kessemochand Development 公司成立，致力于发展 P 法有限元程序。同时期还有多家专业性软件公司投入专业 CAE 程序的开发。这一时期的 CAE 发展的特点有：软件主要集中在计算精度、速度和硬件平台的匹配，计算机内存的有效利用及磁盘空间的利用。有限元分析技术在结构分析和场分析领域获得了很大的成功，从力学模型开始拓展到各类物理场(如温度场、磁场、声波场)的分析，从线性分析向非线性分析(如材料为非线性、几何大变形导致的非线性、接触行为引起的边界条件非线性等)发展，从单一场的分析向几个场的耦合分析发展，出现了许多著名的分析软件，如 NASTRAN、ANSYS、ADINA、SAP 系列、DYNA3D、ABAQUS、NIKE3D 与 WECAN、BERSAFE、BOSOR、COSMOS、ELAS、MARC 和 STARDYNE 等。除美国之外，德国的 ASKA、英国的 PAFEC、法国的 SYSTUS 等欧洲公司纷纷推出自己的 CAE 软件产品。使用者多数为领域专家且集中在航空航天、汽车及军事等领域。这些使用者往往在使用软件的同时进行软件的二次开发。

20 世纪 90 年代直到现在，是 CAE 技术的成熟并为工业界广为接受和应用的时期。这一时期，CAD 经过多年的发展，经历了从线框 CAD 技术到曲面 CAD 技术，再到参数化技术，直到目前的变量化技术，为 CAE 技术的推广应用打下了坚实的基础。CAD 软件开发商一方面大力发展自身 CAD 软件的功能，如世界排名前几位的 CAD 软件 CATIA、CADDS、UG、I-DEAS、Pro/E 都增加了基本的 CAE 前后处理及一般的线性、模态分析功能，可在零件水平上设计的同时进行初步的分析；另外，通过并购其他的 CAE 软件来增加其软件的 CAE 功能。例如，Dassault Systems(CATIA 的开发商)在 2005 年继收购了碰撞分析的专用 CAE 软件 Radios 后，又斥巨资收购了 ABAQUS，当时并宣称将在 2006 年推出完全无缝的 CAD/CAE 集成虚拟设计平台，此举已在 2007 年实现，从而使得 CAD 和 CAE 实现安全无缝对接并基于同一个虚拟设计平台上的交互。在 CAD 软件商大力增强其软件 CAE 功能的同时，各大分析软件也在向 CAD 靠拢。CAE 软件发展商积极发展与各 CAD 软件的专用接口，并增强软件的前后处理能力。如 MSC.NASTRAN 先后开发了用于 CATIA、UG 等 CAD 软件的数据接口。同样 ANSYS 也在大力发展其软件的 ANSYS LS-Prepost 前后处理功能，相继开发了 ANSYS 与 Pro/E、UG、CATIA 的接口，可以直接读取这些 CAD 软件的几何模型。而 SDRC 公司利用 I-DEAS 自身 CAD 功能强大的优势，积极开发与别的 CAD 模型传输的接口，先后投放了 Pro/E to I-DEAS、CATIA to/from I-DEAS、UG to/from I-DEAS、CADDS4/5 Solid to/from I-DEAS 的前后处理功能，以保证 CAD/CAE 的相关性。这一时期的 CAE 软件一方面与 CAD 软件紧密结合，另一方面扩展 CAE 本身的功能。MSC 在 1994 年收购了 Patran 作为自己的前后处理软件后，接连将 SSC、AR、MARC、ADAMS 等纳入旗下，现在已拥有十几个产品，包括用于高度非线性瞬态动力问题的 MSC.Dytran 等。ANSYS 也把其产品扩展为 ANSYS Workbench、ANSYS Mechanical、ANSYS/LS-DYNA、ANSYS LS-Prepost 等多个应用软件。而 SDRC 则在自己的单一分析模型的基础上先后形成了耐用性、噪声与震动、优化与灵敏度、电子系统冷却、热分析等专项应用技术，并将有限元技术与实验技术有机地结合起来，开发了实验信号处理、实验与分析相关等分析能力。

总的来说，CAE 系统朝着以下几个方向发展：

(1) 设计数据、设计模型、修改/升级模板、专家经验的过程化和通用化，以进一步改善和提高设计效率(Design Productivity)。

(2) 降低对不同的个别 CAE 工具软件的依赖性，提供"零文本编辑"的用户界面(Zero-text Editing Interface)，辅之以智能化，以最大程度地方便各种水平的用户。

(3) 创建大规模渐进结构(Evolutionary Architecture)的设计平台，以减少或避免产品开发和设计过程的中断，保证过程的延续性。

(4) CAE 软件面向对象的工程数据库及其管理系统，高性能价格比的大容量存储器及其高速存取技术在迅速发展，PC 机的硬盘容量很快将由吉字节(GB，10^9B)量级达到太字节(TB，10^{12}B)量级，用户将要求把更多的计算模型、设计方案、标准规范和知识性信息纳入 CAE 软件的数据库中，这必将推动 CAE 软件数据库及其数据管理技术的发展，高性能的面向对象的工程数据库及管理系统将会出现在新一代的 CAE 软件中。

1.4 有限元法基础理论

有限元分析(Finite Element Analysis，FEA)的基本概念是用较简单的问题代替复杂问题后再求解。它将求解域看成是由许多称为有限元的小的互连子域组成，对每一单元假定一个合适的(较简单的)近似解，然后推导求解这个域总的满足条件(如结构的平衡条件)，从而得到问题的解。这个解不是准确解，而是近似解，因为实际问题被较简单的问题所代替。由于大多数实际问题难以得到准确解，而有限元不仅计算精度高，而且能适应各种复杂形状，因而成为行之有效的工程分析手段。

有限元是指集合在一起能够表示实际连续域的离散单元。有限元的概念早在几个世纪前就已产生并得到了应用，例如用多边形(有限个直线单元)逼近圆来求得圆的周长，但作为一种方法而被提出，则是最近的事。有限元法最初被称为矩阵近似方法，应用于航空器的结构强度计算，并由于其方便性、实用性和有效性而引起从事力学研究的科学家的浓厚兴趣。经过短短数十年的努力，随着计算机技术的快速发展和普及，有限元法迅速从结构工程强度分析计算扩展到几乎所有的科学技术领域，成为一种丰富多彩、应用广泛并且实用高效的数值分析方法。

有限元法与其他求解边值问题近似方法的根本区别在于它的近似性仅限于相对小的子域中。20 世纪 60 年代初首次提出结构力学计算有限元概念的克拉夫(Clough)教授形象地将其描绘为："有限元法=Rayleigh Ritz 法＋分片函数"，即有限元法是 Rayleigh Ritz 法的一种局部化情况。有限元法将函数定义在简单几何形状的单元域上，且不考虑整个定义域的复杂边界条件，这是有限元法优于其他近似方法的原因之一。

1. 有限元法基本原理(Basic Theory of FEM)

有限元法的基本思想是离散的概念，它是指假设把弹性连续体分割成数目有限的单元，并认为相邻单元之间仅在节点处相连。根据物体的几何形状特征、载荷特征、边界约束特征等，选择合适的单元类型。这样组成有限的单元集合体并引进等效节点力及节点约束条件，由于节点数目有限，就成为具有有限自由度的有限元计算模型，它替代了原来具有无限多自由度的连续体。

有限元法从选择基本未知量的角度来看，可分为三类：位移法、力法和混合法。以节点位移为基本未知量的求解方法称为位移法；以节点力为基本未知量的求解方法称为力法；一部分以节点位移作为基本未知量，而另一部分以节点力作为基本未知量的求解方法称为混合法。由于位移法通用性强，计算机程序处理简单、方便，因而成为应用最广泛的一种方法。

有限元法的求解过程简单、方法成熟、计算工作量大，特别适合于计算机计算；再加上它有成熟的大型软件系统支持，避免了人工在连续体上求分析解的数学困难，使其成为一种非常受欢迎的、应用极广泛的数值计算方法。

2. 有限元求解问题的基本步骤

(1) 问题及求解域定义：根据实际问题近似确定求解域的物理性质和几何区域。

(2) 求解域离散化：将求解域近似为具有不同有限大小和形状且彼此相连的有限个单元组成的离散域，习惯上称为有限元网络划分。显然，单元越小(网络越细)则离散域的近似程度越好，计算结果也越精确，但计算量及误差都将增大，因此求解域的离散化是有限元法的核心技术之一。

(3) 确定状态变量及控制方法：一个具体的物理问题通常可以用一组包含问题状态变量边界条件的微分方程式表示，为适合有限元求解，通常将微分方程转化为等价的泛函形式。

(4) 单元推导：对单元构造一个适合的近似解，即推导有限单元的列式，其中包括选择合理的单元坐标系，建立单元矢函数，以某种方法给出单元各状态变量的离散关系，从而形成单元矩阵。

(5) 总装求解：将单元总装形成离散域的总矩阵方程(联合方程组)，反映出对近似求解域的离散域的要求，即单元函数的连续性要满足一定的连续条件。总装是在相邻单元节点进行，状态变量及其导数(可能的话)连续性建立在节点处。

(6) 联立方程组求解和结果解释：有限元法最终导致联立方程组。联立方程组的求解可用直接法、迭代法和随机法。求解结果是单元节点处状态变量的近似值。对于计算结果的质量，将通过与设计准则提供的允许值比较来评价并确定是否需要重复计算。

1.5 ANSYS 的发展与应用领域

1963 年，ANSYS 的创办人 John Swanson 博士任职于美国宾州匹兹堡西屋公司的太空核子实验室。当时他的工作之一是为某个核子反应火箭作应力分析。为了工作上的需要，Swanson 博士写了一些程序来计算加载温度和压力的结构应力及变位。几年下来，在 Wilson

博士原有的有限元法热传导程序的基础上，扩充了不少三维分析的程序，包括板壳、非线性、塑性、潜变、动态全程等。此程序当时命名为 STASYS (Structural Analysis SYStem)。

1970 年结束之前，商用软件 ANSYS 宣告诞生。

1979 年左右，ANSYS 3.0 版开始在 VAX 11-780 迷你计算机上执行。此时 ANSYS 已经由定格输入模式演化到指令模式，并可以在 Tektronix 4010 及 4014 单色向量绘图屏幕上显示图形。

1984 年，ANSYS 4.0 开始支持 PC。当时使用的芯片是 Intel 286，使用指令互动的模式，可以在屏幕上绘出简单的节点和元素。最佳化设计在 1985 年引进 4.2 版，此版亦打破了以往宏只能用 400 个字符的限制。

FLOTRAN 始于 1986 年左右，ANSYS 5.0 版和 FLOTRAN 2.1A 版的合并版当初被宣称为"无接缝的界面整合"。

1994 年推出 5.1 版 ANSYS，FLOTRAN 则已经完全整合成 ANSYS 的一部分。

1996 年，ANSYS 推出 5.3 版。此版是 ANSYS 第一次支持 LS-DYNA。此时 ANSYS/LS-DYNA 仍是起步阶段。

1997—1998 年间，ANSYS 开始向美国许多著名教授和大学实验室发送教育版，期望能从学生及学校扎根推广 ANSYS。

2001 年 ANSYS 首先和 International TechneGroup Incorporated 合作推出了 CADfix for ANSYS 5.6.2/5.7，以解决由外部汇入不同几何模型图文件的问题，接着先后并购了 CADOE S.A 及 ICEM CFD Engineering。同年 12 月，6.0 版开始发售。此版的离散(Sparse)求解模块有显著的改进，不但速度增快，而且内存空间需求大为减小。

2002 年 4 月，ANSYS 推出 6.1 版。为大家所熟悉的 Motif 格式图形界面被新的版面取代(用户仍可使用旧界面)。2002 年 10 月，ANSYS 推出 7.0 版。此版的离散求解模块有更进一步的改进，一般而言，效率比 6.0 版提高 20%～30%。7.0 版亦加入了 AI Workbench Environment(AWE)，这是 ANSYS 合并 ICEM CFD 后，采用其技术来改进 ANSYS 的一个重要里程。

2003 年，CFX 加入到 ANSYS 大家庭中并正式更名为 ANSYS CFX。

2006 年 2 月，ANSYS 公司收购 Fluent 公司。Fluent 公司是全球著名的 CAE 仿真软件供应商和技术服务商。Fluent 软件应用先进的 CFD(计算流体动力学)技术帮助工程师和设计师仿真流体、热、传导，以及湍流、化学反应和多相流中的各种现象。

2008 年，ANSYS 完成了对 Ansoft 公司的一系列收购，Ansoft 和 ANSYS 的结合，可用于所有涉及机电一体化产品的领域，使得工程师可以分别从器件级、电路级和系统级来综合考虑一个复杂的电子设计，可以在 ANSYS Workbench 环境中进行交互仿真，让工程师可以进行紧密结合的多物理场仿真，这对整个机械电子设计领域起到重要的支撑。

2011 年 7 月，ANSYS 公司将以 3.1 亿美元现金收购模拟软件提供商 Apache Design Solutions。此次收购 Apache Design Solutions 将有助于填补 ANSYS 在集成电路解决方案领域的空白。

2012 年 5 月 29 日，ANSYS 收购 Esterel Technologies。Esterel 的 SCADE 解决方案有助于软件和系统工程人员设计、仿真和生产嵌入式软件，即飞机、铁路运输、机动车、能源系统、医疗设备和其他使用中央处理单元的工业产品中的控制代码。

2013 年 4 月 3 日，ANSYS 收购 EVEN，后者成为 ANSYS 在瑞士的全资子公司。该公司将复合材料结构分析技术应用于 ANSYS® Composite PrepPost™产品中。该产品与 ANSYS Workbench™中的 ANSYS Mechanical™ 以及 ANSYS Mechanical APDL 紧密结合。2013 年 12 月，ANSYS 宣布推出 ANSYS®15.0，其独特的新功能，为指导和优化产品设计带来了最优的方法。

2014 年 5 月 1 日，工程仿真软件的全球领导者 ANSYS 宣布以 8500 万美元现金收购 3D 建模软件的厂商 SpaceClaim 公司。本次收购使得 ANSYS 的前处理能力得到了跨越式的提升，并直逼主流 CAD 软件。本次收购 SpaceClaim 后，使 ANSYS 在 Workbench 平台下的前处理能力，一跃站在了世界 CAE 软件的浪潮之巅。2014 年底发布了 ANSYS 16.0，该版本除了在各个模块都有令人激动的改进外，如时尚的云计算功能(16.2 版中)等，还创新性地推出了全新的多物理场耦合模块 AIM。

2015 年 2 月 4 日，ANSYS 宣布已经收购了开发飞行结冰仿真软件以及提供相关设计、测试和认证服务的 Newmerical Technologies International(NTI)的资产。2015 年 7 月 9 日，ANSYS 发布了 ANSYS Student 版本，向全球学生免费提供。2015 年 9 月 2 日，ANSYS 宣布收购了 Delcross 公司(Delcross Technologies)，这是对 ANSYS 电子产品线非常激动人心的扩充。2015 年底发布了 ANSYS 17.0，其巨大的革新可以将多种应用的效率提高近 10 倍。

从 16.0 版开始 ANSYS 只支持 64 位操作系统，但是截至 17.0 版尚不支持 Windows 10 系统。而在 14.5 版时 ANSYS 就已能支持最新的专用 GPU 加速卡和众核协处理器 XEON Phi 帮助求解，再次走到了并行计算技术的前沿。

1.6 ANSYS 软件的组成与特点

综上所述，ANSYS 软件是融结构、流体、热力学、电场、磁场、声场分析于一体的大型通用有限元分析软件，由世界上最大的有限元分析软件公司之一的美国 ANSYS 开发，它能与多数 CAD 软件接口，实现数据的共享和交换；另外，软件提供了 100 种以上的单元类型，用来模拟工程中的各种结构和材料，是现代产品设计中的高级 CAE 工具之一。

ANSYS 软件主要包括三个部分：前处理模块、分析计算模块和后处理模块。

(1) 前处理模块提供了一个强大的实体建模及网格划分工具，用户可以方便地构造有限元模型。

(2) 分析计算模块包括结构分析(可进行线性分析、非线性分析和高度非线性分析)、流体动力学分析、电磁场分析、声场分析、压电分析以及多物理场的耦合分析，可模拟多种物理介质的相互作用，具有灵敏度分析及优化分析能力。

(3) 后处理模块可将计算结果以彩色等值线显示、梯度显示、矢量显示、粒子流迹显示、立体切片显示、透明及半透明显示等图形方式显示出来，也可将计算结果以图表、曲线形式显示或输出。

这三个部分的内容将在后面章节中详细介绍，这里不再赘述。ANSYS 作为大型分析软件，其主要特点如下：

(1) 具有无与伦比的深度，对于特定的物理学领域，ANSYS 的软件可让用户能更深入地钻研,从而解决更多种类的问题,处理更为复杂的情况。

(2) 具有无与伦比的广度,使 ANSYS 的技术涵盖多个学科领域。不论是需要结构分析、流体、热力、电磁学、显式分析、系统仿真,还是数据管理,ANSYS 的产品均能为各个行业的企业取得成功助一臂之力。

(3) 集成多物理场,以真正耦合的方式使用 ANSYS 技术,开发工程师即可获得符合现实条件的求解结果。集成多物理场,产品组合能使用户利用集成环境中的多个耦合物理场进行仿真与分析。

(4) 工程设计的可扩展性,使 ANSYS 的成套产品极具灵活性。不论是为企业中新手还是能手使用;是单套部署还是企业级部署;是一次设计成功,还是复杂分析;是桌面计算、并行计算,还是多核计算,这一工程设计的高扩展性均能满足当前与未来的需求。

(5) 具有适应性架构,使工程设计与开发可使用多种 CAD 产品、内部开发代码、物料库、第三方求解器、产品数据管理流程等其他工具。ANSYS 的软件具有开放性和适应性特性,能实现高效的工作流程。此外,其产品数据管理可使知识和经验在工作组间与企业内的实现共享。

1.7 ANSYS 主要分析产品系列

ANSYS 公司为全世界用户提供了 CAE 仿真工具、集成化的设计环境,实现了结构、振动、热、流体、电磁场、电路、系统、芯片等多域多物理场及其耦合仿真,从而满足了各个行业的仿真需求,帮助使用者提高了设计效率和产品性能,降低了成本。

集成化仿真平台 ANSYS Workbench 支持 ANSYS 全线产品,包括 ANSYS Fluent、ANSYS CFX、ANSYS Autodyn、ANSYS DesignModeler、ANSYS HFSS、ANSYS Maxwell 等,在统一的环境下可进行多物理场耦合仿真。它能够方便地实现多物理场耦合仿真和数据交换,并与电路和系统工具相结合,进行多域协同设计。

集成化仿真平台 ANSYS Workbench 的主要产品有:

(1) 前处理工具:Geometry (ANSYS DesignModeler)几何构建和编辑清理工具、ANSYS BladeModeler 旋转机械三维结构生成工具、ANSYS SpaceClaim Direct Modeler 全新的建模工具。

(2) 网格生成工具:ANSYS Meshing 结构、流体、电磁仿真网格生成工具,ANSYS TurboGrid 旋转机械网格生成工具,ANSYS Extended Meshing 高端网格生成工具。

(3) 后处理:ANSYS Mechanical 结构与温度/应力仿真、ANSYS Structural 线性和非线性结构仿真、ANSYS Professional 线性/非线性结构仿真/稳态热与应力仿真、ANSYS Design Space 线性结构仿真/热与温度/应力仿真。

(4) 流体仿真:ANSYS CFD 热/流体仿真软件包、ANSYS Fluent 通用热/流体仿真软件、ANSYS CFX 通用热/流体仿真软件。

(5) 专用热/流体仿真工具:ANSYS Icepak 电子系统散热设计与流体/温度仿真工具、ANSYS CFD-Flo 设计人员专用的热流体仿真工具、Fluent for CATIA V5 集成于 CATIA V5 下的热/流体仿真工具。

(6) 其他工具：ANSYS DesignXplorer 优化和设计空间探索工具、ANSYS Engineering Knowledge Manager 仿真数据和工程知识管理工具、ANSYS HPC 高性能计算模块、ANSYS Academic 软件高校计划。

下面对本书中主要用到的产品功能进行简单介绍。

(1) Engineering Data：材料库，用于创建、保存、检索材料模型。Engineering Data 可以作为一个组成的、独立的系统，也可以作为一个分析系统的一部分。作为独立的系统，工作空间将展示所有的默认材料属性；而作为一个分析系统的一部分，工作空间只展示与该分析系统相关联的材料模型和属性。

(1) Geometry (DesignModeler)：集成于 ANSYS Workbench 环境中的应用软件，能够为电磁场、热、应力和流体仿真工具提供三维参数化建模功能，包括几何结构建立、结构修复和简化、模型的导入导出等。

(2) ANSYS Meshing：ANSYS Workbench 中的应用软件，能够根据不同的仿真对象和仿真域，提供相应的网格生成解决方案，将 ANSYS 拥有的网格技术集成在统一的设计环境中，自动生成用于流体、结构、电磁场仿真的网格。

(3) ANSYS Mechanical：功能强大的结构和热、应力仿真软件，提供了完善的结构线性/非线性和动力学分析功能，支持金属和橡胶等各类材料，能够解决广泛的工程问题，包括非线性接触这样复杂的问题，适用于各类零件及组件的仿真，具有应力、温度、形变、接触压力分布仿真能力，能够进行热、噪声、热/结构、热/电等耦合物理场求解。

(4) ANSYS Structural：包含了非线性和线性材料，非弹性材料模型能够轻松地仿真大规模的复杂结构，拥有先进的非线性接触仿真功能，可以对复杂的组件进行仿真；采用直观的数图结构用户界面，可方便地进行建模、复杂材料定义，选择迭代法和直接法求解器，直接获得可靠的仿真结果。

1.8 ANSYS 的安装与启动

2015 年 ANSYS 官网发布了 ANSYS 17.0 版本后，网上就有了破解版，破解版的安装包请自行到网上下载。下面介绍详细的 Windows 7 操作系统下 ANSYS 17.0 的安装步骤。

(1) 因安装包是 ISO 镜像文件，安装 ANSYS 17.0 前，先安装虚拟光驱(Windows 8 以上操作系统可以直接选择文件，点击右键，用资源管理器打开)，下载 ANSYS 17.0 安装包，解压后如图 1-1 所示。

图 1-1 ANSYS 安装包的内容

(2) 用虚拟光驱打开 ANSYS_V17.0_WIN64_DVD1.iso 安装包，其中的内容如图 1-2 所示。

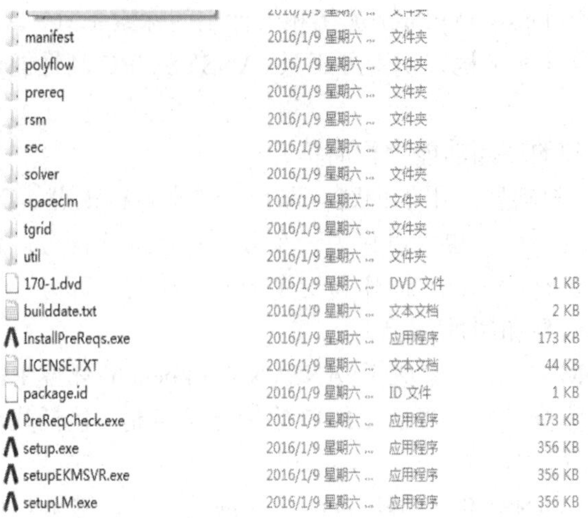

manifest 2016/1/9 星期六 ... 文件夹
polyflow 2016/1/9 星期六 ... 文件夹
prereq 2016/1/9 星期六 ... 文件夹
rsm 2016/1/9 星期六 ... 文件夹
sec 2016/1/9 星期六 ... 文件夹
solver 2016/1/9 星期六 ... 文件夹
spaceclm 2016/1/9 星期六 ... 文件夹
tgrid 2016/1/9 星期六 ... 文件夹
util 2016/1/9 星期六 ... 文件夹
170-1.dvd 2016/1/9 星期六 ... DVD 文件 1 KB
builddate.txt 2016/1/9 星期六 ... 文本文档 2 KB
InstallPreReqs.exe 2016/1/9 星期六 ... 应用程序 173 KB
LICENSE.TXT 2016/1/9 星期六 ... 文本文档 44 KB
package.id 2016/1/9 星期六 ... ID 文件 1 KB
PreReqCheck.exe 2016/1/9 星期六 ... 应用程序 173 KB
setup.exe 2016/1/9 星期六 ... 应用程序 356 KB
setupEKMSVR.exe 2016/1/9 星期六 ... 应用程序 356 KB
setupLM.exe 2016/1/9 星期六 ... 应用程序 356 KB

图 1-2　ANSYS_V17.0_WIN64_DVD1.iso 安装包内容

(3) 检查安装准备，运行 InstallPreReqs.exe，弹出如图 1-3 所示的检测结果。根据系统中已经安装软件的不同，弹出的信息可能存在差异。如图 1-3 所示，运行后点击确定。(注意以下可执行文件：① InstallPreReqs，安装一些前提软件包；② PreReqCheck，前提软件包检测；③ setup，安装 ANSYS；④ setupEKMSVR，安装 EKM 服务器，个人用户基本上用不到；⑤ setupLM，安装 License 服务器。)

V:\PreReqCheck.exe
You currently have:
MS .NET Framework 4.0
MS VC++ 2008 Redistributable x86
MS VC++ 2008 Redistributable x64
MS VC++ 2008 Redistributable x64 MFC Patch
MS VC++ 2010 Redistributable x86
MS VC++ 2010 Redistributable x64
MS VC++ 2012 Redistributable x86
MS VC++ 2012 Redistributable x64
You still require:
MS VC++ 2005 SP1 Redistributable x86
MS VC++ 2005 SP1 Redistributable x64
请按任意键继续. . .

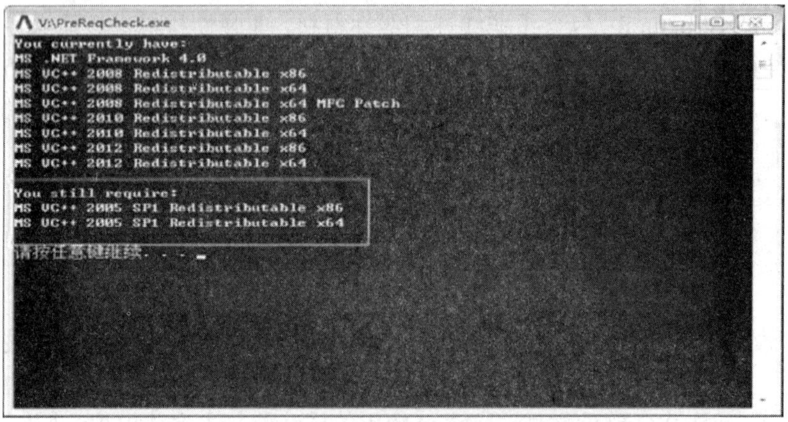

图 1-3　InstallPreReqs.exe 运行结果

(4) 图 1-3 中显示需要安装 VC++ 2005 SP1 Redistributable 软件包。鼠标双击 InstallPreReqs.exe 文件，软件将自动安装当前系统中的缺失文件。安装完毕后弹出如图 1-4 所示的对话框。

Everything was successfully installed.
确定

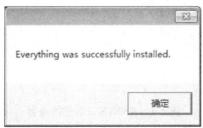

图 1-4　检测结果

(5) 双击 setup.exe，系统会弹出如图 1-5 所示的安装界面。

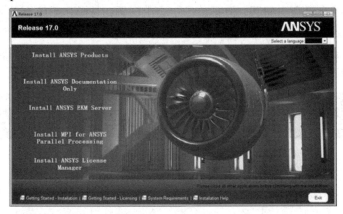

图 1-5 安装界面

(6) 如图 1-5 所示，用户可以根据自己的需要，选择自己要安装的内容，这里选择 Install ANSYS Products 选项，即安装所有的 ANSYS 产品，系统弹出如图 1-6 所示的安装声明界面。

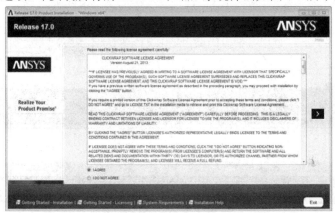

图 1-6 安装声明界面

(7) 选择 IAGREE，然后单击 图标，即可进行如图 1-7 所示的安装位置选择。

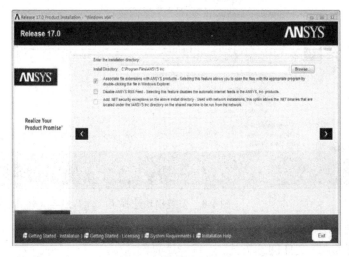

图 1-7 安装位置选择

(8) 点击 Browse 按钮就可以选择软件的安装位置，这里选择默认的(路径中尽量不出现中文。中文路径有时会出问题，但不是一定会出问题，与操作系统有关系。为以防万一，建议采用全英文路径)，然后单击 ▶ 图标，进行下一步，如图 1-8 所示，输入计算机名。

(9) 设置 Hostname，如图 1-8 所示，输入计算机名(其实这一步并不重要)，然后单击 ▶ 图标，进行下一步，如图 1-9 所示，选择安装模块。

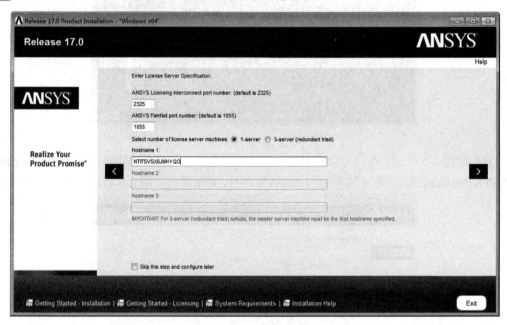

图 1-8 输入计算机名

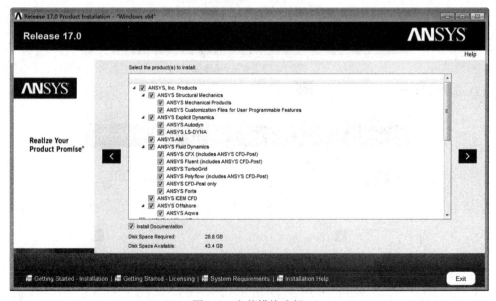

图 1-9 安装模块选择

(10) 选择自己需要的模块，这里全部选择，然后单击 ▶ 图标，进行下一步，如图 1-10 所示的配置 CAD 文件阅读方式。

第 1 章 系统概述

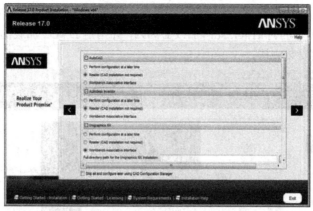

图 1-10 配置 CAD 文件阅读方式

(11) CAD 文件阅读方式可采用默认设置，也可勾选下方的 Skip all and configure later using CAD Configuration Manager 选项后再配置，这里采用默认设置。然后单击 图标，进行下一步，如图 1-11 所示，所有安装信息。

图 1-11 所有安装信息

(12) 查阅刚设置好的安装信息，然后单击 图标，进行下一步，如图 1-12 所示的安装界面。

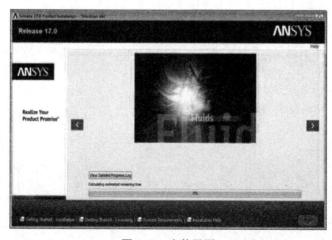

图 1-12 安装界面

(13) 进入如图 1-12 所示的界面后，视计算机性能，安装需要半个小时或更久。中途会出现如图 1-13 所示的对话框，此时加载 DVD2，并指定 DVD2 加载的路径，点击 OK 按钮继续，然后直到安装完毕。

图 1-13　加载 DVD2

所有步骤完成后，就可以运行 ANSYS 17.0。

第 2 章　ANSYS Workbench 17.0 操作环境

【学习目标】

- 掌握 ANSYS Workbench 17.0 平台的操作环境；
- 熟悉 ANSYS Workbench 17.0 平台的常规设置，包括单位设置、外观颜色设置等。

ANSYS Workbench 17.0 是 ANSYS 公司最新推出的工程仿真技术集成平台，本章将介绍 Workbench 的一些基础知识，讲解如何启动 ANSYS Workbench 17.0，使读者熟悉 Workbench 的基本操作界面；还介绍如何在 ANSYS Workbench 17.0 中进行项目管理及文件管理等内容。

2.1　ANSYS Workbench 17.0 概述

经过多年的潜心开发，ANSYS 公司在 2002 年发布 ANSYS 7.0 的同时正式推出了前后处理和软件集成环境 ANSYS Workbench Environment(AWE)。到 ANSYS 11.0 版本发布时，已提升了 ANSYS 软件的易用性、集成性、客户化定制开发的方便性，深获客户喜爱。

Workbench 于 2015 年发布了 ANSYS 17.0 版，该版本在继承第一代 Workbench 的各种优势特征的基础上发生了革命性的变化，提供了全新的项目视图(Project Schematic View)功能，将整个仿真流程更加紧密地组合在一起，通过简单的拖曳操作即可完成复杂的多物理场分析流程。

此外，ANSYS Workbench 17.0 还大幅改进了前处理或设置仿真的工作。利用 ANSYS Workbench 17.0 中的直接建模工具，用户能够比传统计算机辅助设计(CAD)方法更快地准备分析用的几何模型。复杂模型的保存和加载时间以及常用几何模型编辑功能均提升了多达 100 倍。ANSYS Workbench 17.0 几何结构工具还提高了与 ANSYS Workbench 的集成度，能提高装配和复合结构的建模工作效率。此外，面向复杂系统的流体前处理也得到了显著改进。利用 ANSYS Workbench 17.0，包含数百个部件的模型的准备和网格剖分过程可从数天时间缩短到几个小时。

Workbench 所提供的 CAD 双向参数链接互动、项目数据自动更新机制、全面的参数管理、无缝集成的优化设计工具等，使 ANSYS 在仿真驱动产品设计(Simulation Driven Product Development)方面达到了前所未有的高度。

1. ANSYS Workbench 17.0 功能概述

在 ANSYS Workbench 17.0 版本中，ANSYS 对 Workbench 架构进行了全新设计，全新的项目视图功能改变了用户使用 Workbench 仿真环境(Simulation)的方式。

在一个类似流程图的图表中，仿真项目中的各项任务以互相连接的图形化方式清晰地表达出来，可以非常容易地理解项目的工程意图、数据关系、分析过程的状态等。

项目视图系统使用起来非常简单：直接从左边的工具箱(Toolbox)中将所需的分析系统(Analysis Systems)拖曳到右边的项目视图窗口中或双击即可。

工具箱(Toolbox)中的分析系统部分，包含了各种已预置好的分析类型(如显式动力分析、Fluent流体分析、结构模态分析、随机振动分析等)，每一种分析类型都包含完成该分析所需的完整过程(如材料定义、几何建模、网格生成、求解设置、求解、后处理等过程)，按其顺序一步步往下执行即可完成相关的分析任务。当然也可从工具箱中的组件系统(Component Systems)里选取各个独立的程序系统，自己组装成一个分析流程。

一旦选择或定制好分析流程后，Workbench平台将能自动管理流程中任何步骤发生的变化(如几何尺寸变化、载荷变化等)，自动执行流程中所需的应用程序，从而自动更新整个仿真项目，极大缩短了更改设计所需的时间。

2. 多物理场分析模式

Workbench仿真流程具有良好的可定制性，只需通过鼠标拖曳操作，即可非常容易地创建复杂的、包含多个物理场的耦合分析流程，在各物理场之间所需的数据传输也能自动定义。

ANSYS Workbench平台在流体和结构分析之间自动创建数据连接以共享几何模型，使数据保存更轻量化，并更容易分析几何改变对流体和结构两者产生的影响。同时，从流体分析中将压力载荷传递到结构分析中的过程也是完全自动的。

工具栏中预置的分析系统使用起来非常方便，因为它包含了所选分析类型所需的所有任务节点及相关应用程序。Workbench项目视图的设计是非常柔性的，用户可以非常方便地对分析流程进行自定义，把组件系统中的各工具按照任务需要进行配置。

3. 项目级仿真参数管理

ANSYS Workbench 17.0环境中的应用程序都是支持参数变量的，包括CAD几何尺寸参数、材料特性参数、边界条件参数以及计算结果参数等。在仿真流程各环节中定义的参数都是直接在项目窗口中进行管理的，因而非常容易研究多个参数变量的变化。在项目窗口中，可以很方便地通过参数匹配形成一系列设计点，然后一次性地自动进行多个设计点的计算分析以完成研究。

利用ANSYS DesignXplorer模块(简称DX)，可以更加全面地展现Workbench参数分析的优势。DX提供了实验设计(DOE)、目标驱动优化(Goal-Driven Optimization)设计、最小/最大搜索(Min/Max Search)以及六希格玛分析(Six Sigma Analysis)等功能，所有这些参数分析功能都适用于集成在Workbench的所有应用程序、所有物理场、所有求解器中，包括ANSYS参数化设计语言(APDL)。

ANSYS Workbench平台对仿真项目中所有应用程序中的参数进行集中管理，并在项目窗口中用一个非常方便的表格进行显示。完全集成在Workbench中的DesignXplorer模块能自动生成响应面(Response Surface)结果，清晰而直观地描述这种几何变化的影响。通过简单的拖曳操作，还可很方便地使用DX的实验设计(DOE)、目标驱动优化设计、六希格玛分析以及其他设计探索算法等。

4. Workbench 应用模块

ANSYS Workbench 提供了与 ANSYS 系列求解器交互的强大方法。这种环境为 CAD 系统及用户设计过程提供了独一无二的集成设计平台。ANSYS Workbench 由多种工程应用模块组成。

(1) Mechanical：用 ANSYS 求解器进行结构和热分析(包含网格划分)。

(2) Mechanical APDL：采用传统的 ANSYS 用户界面对高级机械和多物理场进行分析。

(3) Fluid Flow(CFX)：采用 CFX 进行流体动力学(CFD)分析。

(4) Fluid Flow(Fluent)：采用 Fluent 进行流体动力学(CFD)分析。

(5) Geometry(DesignModeler)：创建和修改 CAD 几何模型，为 Mechanical 分析提供所用的实体模型。

(6) Engineering Data：定义材料属性。

(7) Meshing Application：用于创建 CFD 和显式动态网格。

(8) Design Exploration：用于优化分析。

(9) Finite Element Modeler(FE Modeler)：转换 NASTRAN 和 ABAQUS 中的网格，以便在 ANSYS 中使用。

(10) Blade Gen(Blade Geometry)：用于创建旋转机械钟的叶片几何模型。

(11) Explicit Dynamics：创建具有非线性动力学特色的模型，用于显式动力学分析。

2.2 ANSYS Workbench 17.0 的基本操作界面

从本节介绍 ANSYS Workbench 17.0 的基本操作，下面首先介绍启动方式，然后介绍 Workbench 的基本操作界面。

1. 启动 ANSYS Workbench 17.0

ANSYS 安装完成后，从 Windows 的"开始"菜单启动：执行 Windows 7 系统下的"开始"→"所有程序"→ANSYS 17.0→Workbench 17.0 命令，如图 2-1 所示，即可启动 ANSYS Workbench 17.0。

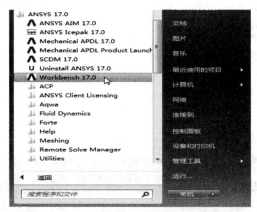

图 2-1 启动 ANSYS Workbench 17.0

ANSYS Workbench 17.0 启动时会自动弹出如图 2-2 所示的欢迎界面。

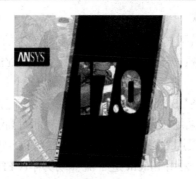

图 2-2　ANSYS Workbench 17.0 欢迎界

注：首次启动 ANSYS Workbench 17.0 时会弹出如图 2-3 所示的 Getting Started 文本文件，将下面的复选框内的 ☑ 去掉，并单击右上角的 ☒ (关闭)按钮即可关闭文本文件，这样在以后的启动过程将不再显示。

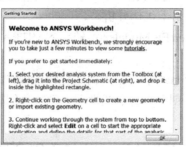

图 2-3　Getting Started 文本文件

2. ANSYS Workbench 17.0 主界面

启动 ANSYS Workbench 17.0，此时的主界面如图 2-4 所示，它主要由菜单栏、工具栏、工具箱(Toolbox)、项目管理区(Project Schematic)、信息窗口、进程窗口等组成。下面着重介绍菜单栏、工具栏、工具箱及项目管理区的功能。

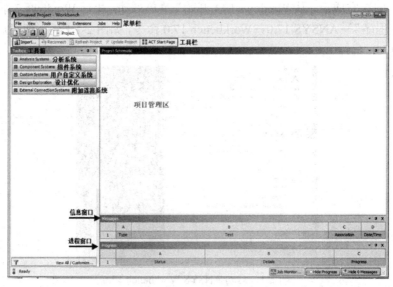

图 2-4　ANSYS Workbench 17.0 主界面

2.3　ANSYS Workbench 17.0 菜单栏

菜单栏包括 File(文件)、View(视图)、Tools(工具)、Units(单位)、Extensions(扩展)、Jobs(任务)及 Help(帮助)共 7 个菜单。File(文件)、View(视图)、Tools(工具)、Units(单位)菜单中包括的子菜单及命令介绍如下。

1. File 菜单

File 菜单中的命令如图 2-5 所示。下面对 File 菜单中的常用命令进行简单介绍。

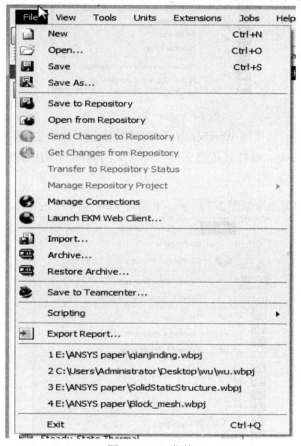

图 2-5　File 菜单

(1) New：建立一个新的工程项目，在建立新工程项目前，Workbench 软件会提示用户是否需要保存当前的工程项目。

(2) Open…：打开一个已经存在的工程项目，同样会提示用户是否需要保存当前的工程项目。

(3) Save：保存一个工程项目，同时为新建立的工程项目命名。

(4) Save As：将已经存在的工程项目另存为一个新的项目名称。

(5) Import…：导入外部文件，单击 Import 命令会弹出图 2-6 所示的对话框，在 Import

对话框中的文件类型栏中可以选择多种文件类型。

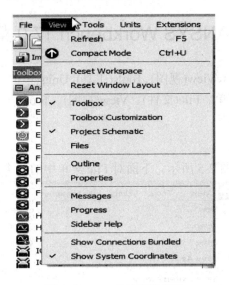

图 2-6 Import 文件支撑类型

(6) Archive(压缩)：可实现 Workbench 所有文件的快速压缩，生成的压缩文件为 .zip 格式。

(7) Restore Archive：可打开压缩文件，亦可采用其他的解压软件对压缩文件解压。

2. View 菜单

View 菜单中的相关命令如图 2-7 所示。下面对 View 菜单中的常用命令作简要介绍。

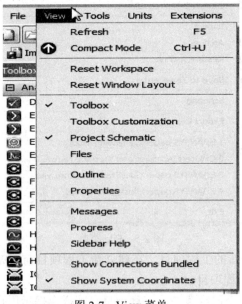

图 2-7 View 菜单

(1) Compact Mode (简单模式)：单击此命令后，ANSYS Workbench 17.0 平台将压缩为一个小图标 ![Unsaved Project - Workbench] 置于操作系统桌面上，同时在任务栏上的图标将消失。如果将鼠标移动到图标上，ANSYS Workbench 17.0 平台将变成图 2-8 所示的简单模式。

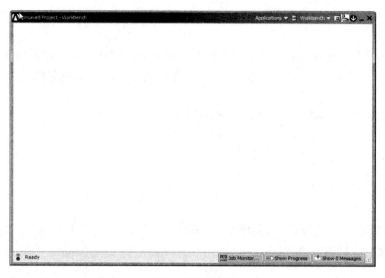

图 2-8　简单模式

(2) Reset Workspace(复原操作平台)：将 ANSYS Workbench 17.0 平台复原到初始状态。

(3) Reset Window Layout(复原窗口布局)：将 ANSYS Workbench 17.0 平台窗口布局复原到初始状态。

(4) Toolbox(工具箱)：单击 Toolbox 命令可选择是否掩藏左侧面的工具箱，Toolbox 前面有√说明 Toolbox(工具箱)处于显示状态，单击 Toolbox 取消前面的 √，Toolbox(工具箱)将被掩藏。)

(5) Toolbox Customization(用户自定义工具箱)：单击此命令将在窗口中弹出图 2-9 所示的 Toolbox Customization 窗口，用户可通过单击各个模块前面的 √ 来选择是否在 Toolbox 中显示模块。

		B	C	D	E
1	☑	Name	Physics	Solver Type	AnalysisType
2	⊞	Analysis Systems			
41	⊟	Component Systems			
42	☑	ACP (Post)	AnyACP	Any	Composites
43	☑	ACP (Pre)	Any	Any	Composites
44	☑	Autodyn	Explicit Dynamics	Any	Any
45	☑	BladeGen			
46	☑	CFX	Fluids	CFX	
47	☑	Engineering Data	Any	Any	Any
48	☑	Explicit Dynamics (LS-DYNA Export)	Structural	LS-DYNA	Explicit Dynamics
49	☑	External Data	Any	Any	Any
50	☑	External Model	Any	Any	Any
51	☑	Feedback Iterator	Any	Any	Any
52	☑	Finite Element Modeler	Any	Any	Any
53	☑	Fluent	Fluids	FLUENT	Any
54	☑	Fluent (with Fluent Meshing)	Fluids	FLUENT	Any
55	☑	Geometry	Any	Any	Any
56	☑	ICEM CFD	Any	Any	Any
57	☑	Icepak	Any	Any	Any
58	☑	Mechanical APDL	Any	Any	Any
59	☑	Mechanical Model	Any	Any	Mechanical
60	☑	Mesh	Any	Any	Any
61	☑	Microsoft Office Excel	Any	Any	Any
62	☑	Polyflow	Fluids	Polyflow	Any
63	☑	Polyflow - Blow Molding	Fluids	Polyflow	Any
64	☑	Polyflow - Extrusion	Fluids	Polyflow	Any

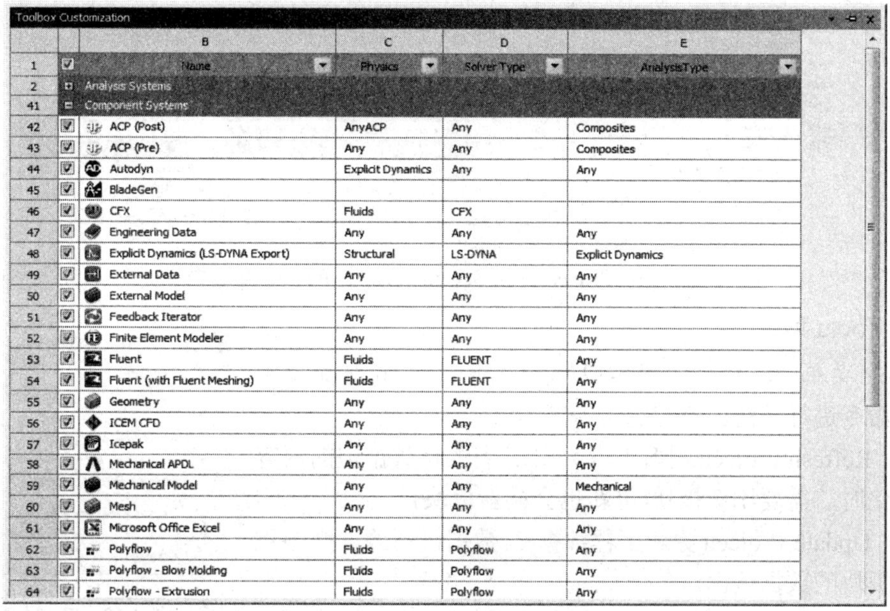

图 2-9　Toolbox Customization 窗口

(6) Project Schematic(项目管理)：单击此命令来确定是否在 Workbench 平台上显示项目管理窗口。

(7) Files(文件)：单击此命令会在 ANSYS Workbench 17.0 平台下侧弹出图 2-10 所示的 Files 窗口，窗口中显示了本工程项目中所有的文件及文件路径等重要信息。

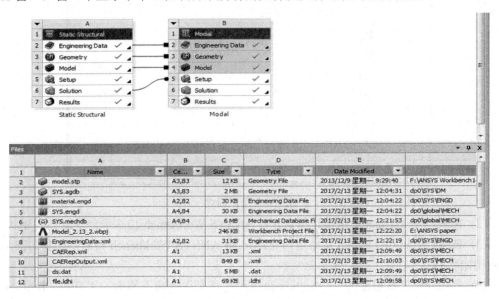

图 2-10　Files 窗口

(8) Properties(属性)：单击此命令后再单击 A7 栏 Results 表格，此时会在 Workbench 平台右侧弹出图 2-11 所示的 Properties of Schematic A7: Results 对话框，对话框里面显示的是 A7 栏 Results 中的相关信息，此处不再赘述。

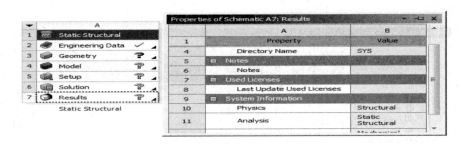

图 2-11　Properties of Schematic A7：Results 对话框

3. Tools 菜单

Tools 菜单中的命令如图 2-12 所示。下面对 Tools 菜单中的常用命令进行介绍。

(1) Refresh Project(刷新工程数据)：当上行数据中的内容发生变化时，需要刷新板块(更新也会刷新板块)。

(2) Update Project(更新工程数据)：数据已更改，必须重新生成板块的数据输出。

(3) License Preferences(参考注册文件)：单击此命令后，

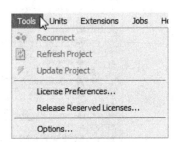

图 2-12　Tools 菜单

会弹出图 2-13 所示的注册文件对话框。

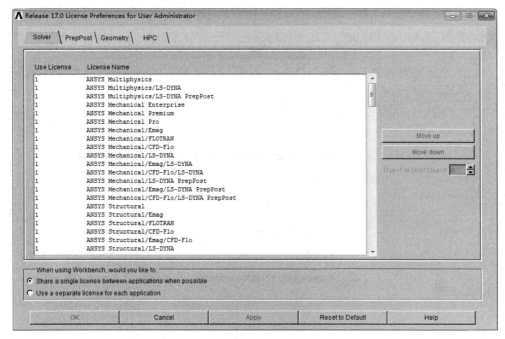

图 2-13 注册文件对话框

(4) Options...(选项)：单击 Option 命令，弹出图 2-14 所示的 Options 对话框。

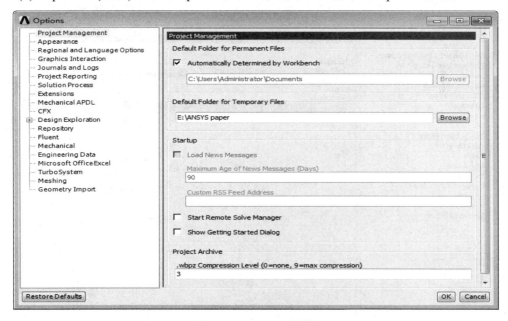

图 2-14 Options 对话框

Options 对话框中主要包括以下选项卡：

① Project Management(项目管理)选项卡：在图 2-14 所示的选项卡中可以设置 ANSYS Workbench 17.0 平台启动的默认目录和临时文件的位置、是否启动导读对话框及是否加载新闻信息等参数。

② Appearance(外观)选项卡：在图 2-15 所示的外观选项卡中可对软件的背景、文字颜色、几何图形的边等进行颜色设置。

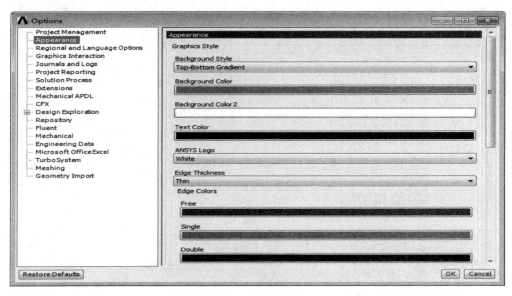

图 2-15　Appearance 选项卡

③ Regional and Language Options(区域和语言选项)选项卡：在图 2-16 所示的选项卡中可以设置 ANSYS Workbench 17.0 平台的语言，其中包括德语、英语、法语及日语共 4 种。

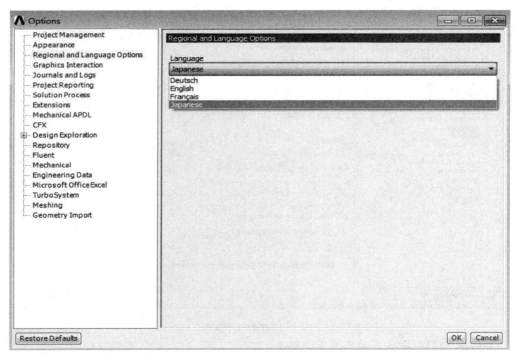

图 2-16　Regional and Language Options 选项卡

④ Graphics Interaction(几何图形交互)选项卡：在图 2-17 所示的选项卡中可以设置鼠标对图形的操作，如平移、旋转、放大、缩小、多体选择等操作。

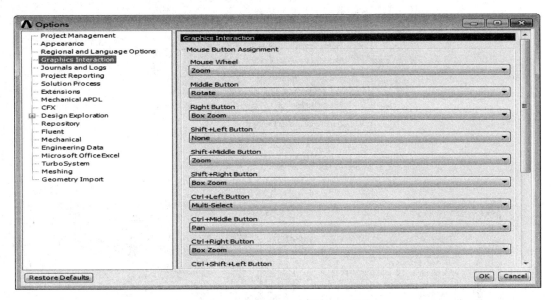

图 2-17 Graphics Interaction 选项卡

⑤ Geometry Import (几何导入)选项卡：在图 2-18 所示的几何导入选项卡中可以设置几何编辑器的类型、分析类型及其他一些基本几何设置选项。

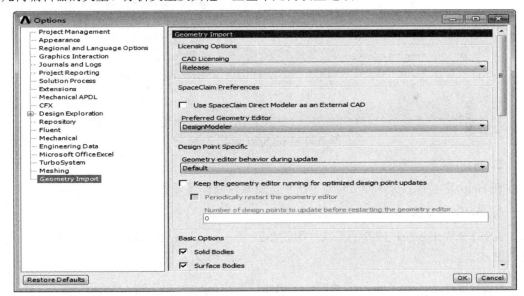

图 2-18 Geometry Import 选项卡

这里仅对 ANSYS Workbench 17.0 平台一些常用的选项进行简单介绍，其余选项请读者参考帮助文档的相关内容。

4. Units 菜单

Units 菜单如图 2-19 所示，在此菜单中可以设置国际单位、米制单位、美制单位及用户自定义单位。单击 Unit Systems(单位系统)，在弹出的图 2-20 所示 Unit Systems 对话框中可以设置用户喜欢的单位格式。

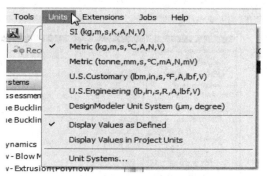

图 2-19 Units 菜单

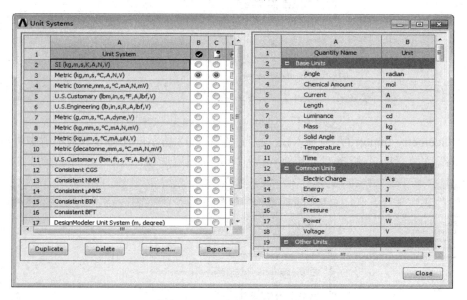

图 2-20 Unit Systems 对话框

5. Help 菜单

在 Help 菜单中，软件可实时地为用户提供软件操作及理论上的帮助。

6. ANSYS Workbench 17.0 工具栏

ANSYS Workbench 17.0 的工具栏如图 2-21 所示，命令已经在前面菜单中出现，这里不再赘述。

图 2-21 工具栏

2.4 ANSYS Workbench 17.0 工具箱

工具箱(Toolbox)位于 ANSYS Workbench17.0 平台的左侧，图 2-22 所示的工具箱(Toolbox)中包括 Analysis Systems、Component Systems、Custom Systems、Design Exploration 和 External

Connection Systems 这 5 类分析模块，下面将对前 4 个模块简要介绍其包含的内容。

图 2-22　工具箱菜单

1. Analysis Systems(分析系统)

分析系统中包括不同的分析类型，如静力分析、热分析、流体分析等，同时模块中也包括用不同种求解器求解相同分析的类型，如静力分析包括 ANSYS 求解器分析和 Samcef 求解器分析两种，如图 2-23 所示。

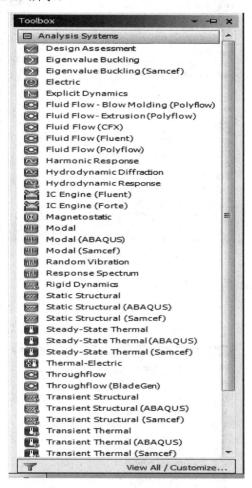

图 2-23　分析系统

2. Component Systems(组件系统)

组件系统包括应用于各种领域的几何建模工具及性能评估工具，组件系统包括的模块如图 2-24 所示。

图 2-24　组件系统

3. Custom Systems(用户自定义系统)

在图 2-25 所示的用户自定义系统中,除了软件默认的几个多物理场耦合分析工具外,ANSYS Workbench 17.0 平台还允许用户自己定义常用的多物理场耦合分析模块。

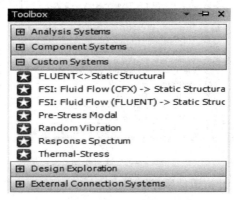

图 2-25　用户自定义系统

4. Design Exploration(设计优化)

图 2-26 所示为设计优化模块,允许用户使用其中的工具对零件产品的目标值进行优化设计及分析。

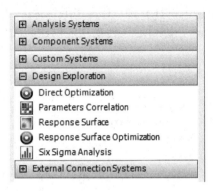

图 2-26　设计优化

2.5　ANSYS Workbench 17.0 项目管理区

项目管理区(Project Schematic,亦称分析系统管理区,本书采用项目管理区的称呼)是用来进行 Workbench 的分析项目管理的,它通过图形来体现一个或多个系统所需要的工作流程。项目通常按照从左到右、从上到下的模式进行管理。

当需要进行某一项目的分析时,通过在 Toolbox(工具箱)的相关项目上双击或直接按住鼠标左键拖动到项目管理区即可生成一个项目。如图 2-27 所示,在 Toolbox 中选择 Static Structural 后,项目管理区即可建立 Static Structural 分析项目。

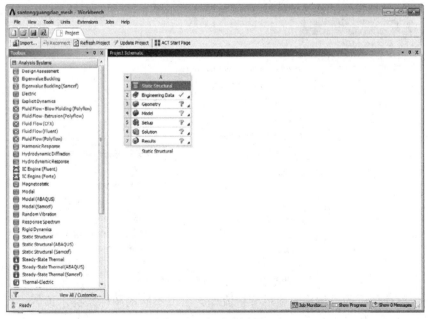

图 2-27　创建分析项目

注：项目管理区可以建立多个分析项目，每个项目均是以字母 (A、B、C 等)编排的，同时各项目之间也可建立相应的关联分析，譬如对同一模型进行不同的分析项目，这样它们即可共用同一模型。

另外在项目的设置项中单击鼠标右键，在弹出的快捷菜单中通过选择 Transfer Data To New 或 Transfer Data From New，亦可通过转换功能创建新的分析系统，如图 2-28 所示。

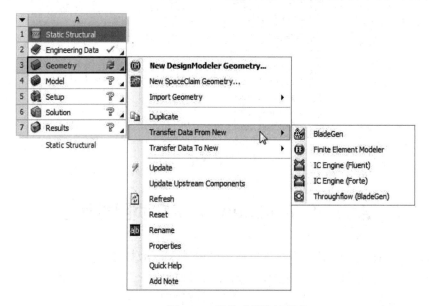

图 2-28 转换功能快捷菜单

注：使用转换功能时，将显示所有的转换可能(上行转换和下行转换)。选择的设置项不同，程序呈现的选项也会有所不同，如图 2-29 所示。

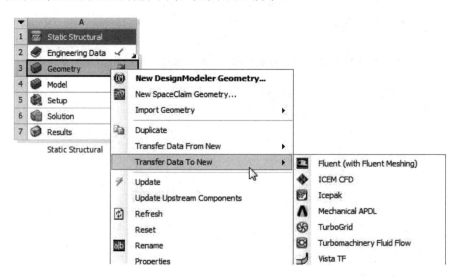

图 2-29 不同设置时的转换功能

在进行项目分析的过程中，项目分析流程会出现不同的图标来提示读者进行相应的操作，各图标的含义如表 2-1 所示。

表 2-1　分析项目选项中的图标含义

图标	图 标 含 义
?	执行中断：上行数据丢失，分析无法进行
?	需要注意：可能需要修改本单元或上行单元
↻	需要刷新：上行数据发生改变，需要刷新单元(更新也会刷新单元)
⚡	需要更新：数据改变时单元的输出也要相应地更新
✓	更新完成：数据已经更新，将进行下一单元的操作
✓✓	输入变动：单元是局部最新的，但上行数据发生变化时也可能导致其发生改变

2.6　Workbench 项目管理

在上面的讲解中简单介绍了分析项目的创建方法，下面介绍项目的复制、删除、关联等操作，以及项目管理操作案例。

1. 复制及删除项目

将鼠标移动到相关项目的第 1 栏(A1)，单击鼠标右键，在弹出的快捷菜单中选择 Duplicate(复制)命令，即可复制项目，如图 2-30 所示。例如 B 项目就是由 A 项目复制而来的，如图 2-31 所示。

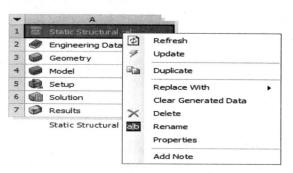

图 2-30　项目快捷菜单

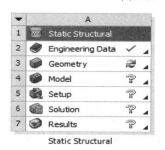 

图 2-31　复制项目

将鼠标移动到项目的第 1 栏(A1)，单击鼠标右键，在弹出的快捷菜单中选择 Delete(删除)命令，即可将项目删除。

2. 关联项目

在 ANSYS Workbench 17.0 中进行项目分析时，需要对同一模型进行不同的分析，尤其是在进行耦合分析时，项目的数据需要进行交叉操作。

为避免重复操作，Workbench 提供了关联项目的协同操作方法，创建关联项目的方法如下：在工具箱中按住鼠标左键，拖曳分析项目到项目管理区创建项目 B，当鼠标移动到项目 A 的相关项时，数据可共享的项将以红色高亮显示，如图 2-32 所示，在高亮处松开鼠标，此时即可创建关联项目。如图 2-33 所示为新创建的关联项目 B，此时相关联的项呈现暗色。

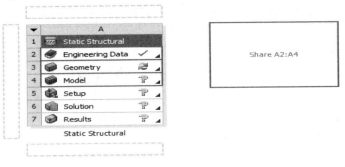

图 2-32 高亮显示

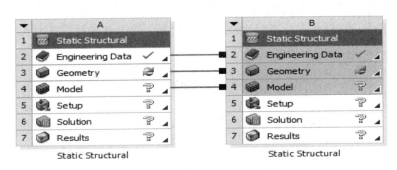

图 2-33 创建关联项目

注：项目中显示暗色的项不能进行参数设置，为不可操作项，关联的项只能通过其上一级项目进行相关参数设置。项目之间的连线表示数据共享，例如图中 A2～A4 栏表示项目 B 与项目 A 数据共享。

2.7 Workbench 文件管理

Workbench 通过创建一个项目文件和一系列的子目录来管理所有的相关文件。这些文件目录的内容或结构不能进行人工修改，必须通过 Workbench 进行自动管理。

当创建并保存文件后，便会生成相应的项目文件(.wbpj)以及项目文件目录，项目文件目录中会生成众多子目录，例如保存文件名为 gangguan_mesh_files，生成的文件为 FirstFile.wbpj，文件目录为 gangguan_mesh_files。ANSYS Workbench 17.0 的文件目录结构如图 2-34 所示。

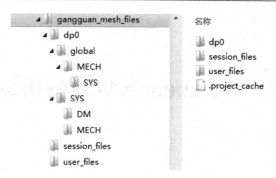

图 2-34　文件目录结构

对图 2-34 说明如下：

dp0：该文件目录是设计点文件目录，实质上是特定分析的所有参数的状态文件，在单分析情况下只有一个 dp0 目录。

global：该目录包含了分析中各模块所包括的子目录，如 MECH 目录中包含了仿真分析的数据库以及相关分析模块的其他文件。

SYS：包括了项目中各种系统的子目录(如 Mechanical、Fluent、CFX 等)，每个系统的子目录都包含特定的求解文件，如 MECH 的子目录中包括结果文件、ds.dat 文件、solve.out 文件等。

session_files：记录了所有的操作步骤。

user_files：包含了输入文件、用户文件等，部分文件可能与项目分析有关。

第 3 章　ANSYS Workbench 17.0 分析基本步骤

【学习目标】

掌握 ANSYS Workbench 17.0 分析的基本步骤。

ANSYS 软件是集结构、流体、热力学、电场、磁场、声场分析于一体的大型通用有限元分析软件，具有多种有限元分析的能力，在机械工程领域可以完成从简单的线性静态分析到复杂的非线性瞬态动力学分析。本章介绍在 ANSYS Workbench 综合环境下，绝大多数机械工程问题一般的分析步骤。

ANSYS Workbench 17.0 典型的分析步骤如下：
(1) 在工程项目窗口创建所需项目；
(2) 建立模型；
(3) 划分网格；
(4) 加载并求解；
(5) 后处理，查看分析结果。

3.1　工程项目创建

ANSYS Workbench 17.0 项目的窗口和项目管理方法都已在第 2 章中介绍，本节用一个实例进一步介绍。

(1) 启动 ANSYS Workbench 17.0 后，单击左侧 Toolbox(工具箱)中的 Analysis System(分析系统)，将 Fluid Flow(Fluent)模块直接拖曳到 Project Schematic(工程项目管理窗口)中，如图 3-1 所示，此时会在 Project Schematic(工程项目管理窗口)中生成一个如同 Excel 表格一样的 Fluent 分析流程图表。

注：Fluent 分析图表显示了执行 Fluent 流体分析的工作流程，其中每个单元格命令代表一个分析流程步骤。根据 Fluent 分析流程图标从上往下执行每个单元格命令，就可以完成流体的数值模拟工作，具体流程为由 A2 栏 Geometry 得到模型几何数据，然后在 A3 栏 Mesh 中进行网格的控制与划分，将划分完成的网格传递给 A4 栏 Setup 进行边界条件的设定与载荷的施加，然后将设定好的边界条件和网格模型传递给 A5 栏 Solution 进行分析计算，最后将计算结果在 A6 栏 Results 中进行后处理显示，包括流体流速、压力等结果。

(2) 双击 Analysis System(分析系统)中的 Static Structural(静态结构)分析模块，此时会在 Project Schematic (工程项目管理窗口)中的项目 A 下面生成项目 B，如图 3-2 所示。

第 3 章　ANSYS Workbench 17.0 分析基本步骤

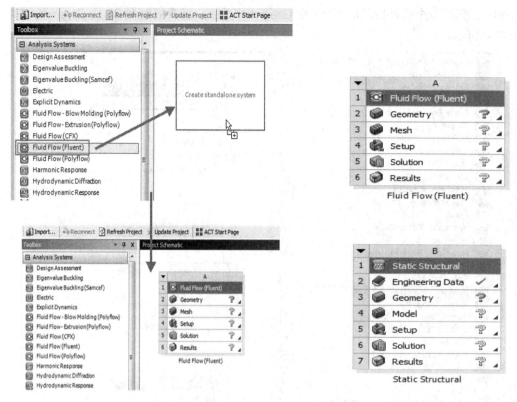

图 3-1　创建 Fluent 分析项目　　　　图 3-2　创建结构分析项目

(3) 双击 Component System(组件系统)中的 System Coupling(系统耦合)模块，此时会在 Project Schematic(工程项目管理窗口)中的项目 B 下面生成项目 C，如图 3-3 所示。

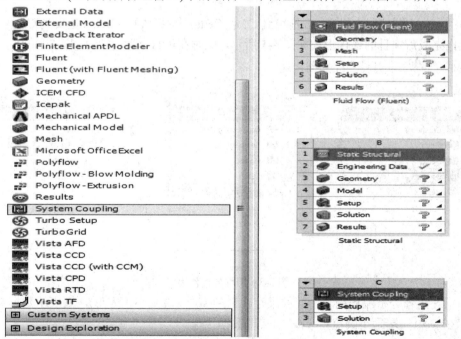

图 3-3　创建 System Coupling 模块

(4) 创建好 3 个项目后,单击 A2 栏 Geometry 不放,直接拖曳到 B3 栏 Geometry 中,如图 3-4 所示。

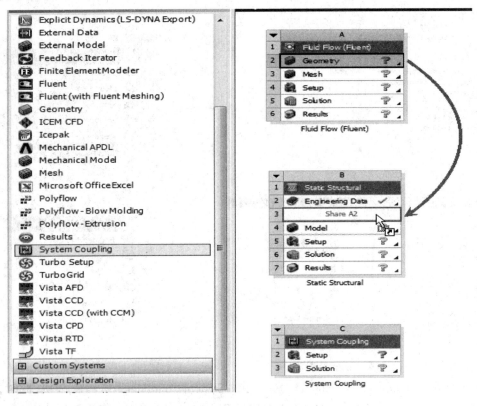

图 3-4 数据共享

(5) 同样操作,将 B5 栏 Setup 拖曳到 C2 栏 Setup 中,将 A4 栏 Setup 拖曳到 C2 栏 Setup 中,操作完成后项目的连接形式如图 3-5 所示。此时在项目 A 和项目 B 的 Solution 表中的图标变成了 ,即实现工程数据传递。

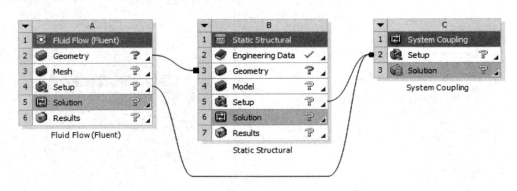

图 3-5 工程数据传递

注:在工程分析流程图表之间如果存在 (一端是小正方形),则表示数据共享;如果存在 (一端是小圆点),则表示实现数据传递。

(6) 在 ANSYS Workbench 17.0 平台的 Project Schematic(工程项目管理窗口)中右击,

在弹出的图 3-6 所示快捷菜单中选择 Add to Custom(添加到用户)。

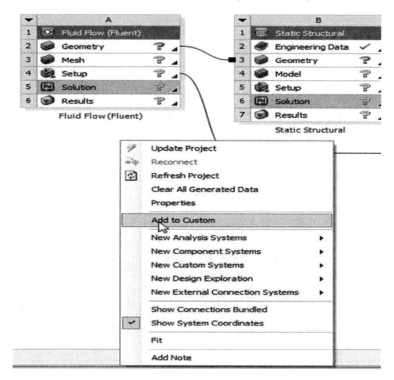

图 3-6 快捷菜单

(7) 在弹出的图 3-7 所示 Add Project Template (添加工程模版)对话框中输入名字为 FLUENT<>Static Structural 并单击 OK 按钮。

图 3-7 添加工程模板对话框

(8) 完成用户自定义的分析模板添加后,单击 ANSYS Workbench 17.0 左侧 Toolbox 下面的 Custom System,如图 3-8 所示,刚才定义的分析模板已被成功添加到其中。

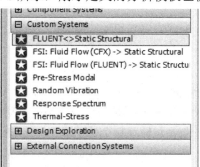

图 3-8 用户自定义的工程项目

3.2 模型建立

在有限元分析之前,最重要的工作就是几何建模,几何建模的好坏直接影响到计算结果的正确性。一般在整个有限元分析的过程中,几何建模的工作占据了非常多的时间,同时也是非常重要的过程。本节简要讲述 ANSYS Workbench 17.0 自带的几何建模工具——DesignModeler。

ANSYS 公司在收购 3D 建模软件的厂商 Space Claim 公司后,其几何建模功能有了大幅的提高,ANSYS Workbench 17.0 下的 DesignModeler 界面如图 3-9 所示。

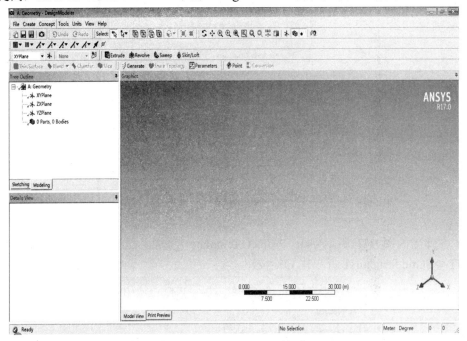

图 3-9 DesignModeler 界面

在 DesignModeler 平台下,可以像其他三维软件一样,进行草图绘制、拉伸、旋转、切除等特征建模,以及倒角、倒圆角等特征编辑,建好的模型可以直接在 ANSYS Workbench 17.0 平台下进行下一步的网格划分,这可以节省时间,提高效率。Workbench 下的几何建模将在下面章节中详细阐述。

3.3 网格划分

几何建模完成后,接下来就是对几何模型进行网格划分。Workbench 平台对几何进行划分的平台有两个:一个是集成在 Workbench 平台上的高度自动化网格划分工具——Meshing 网格剖分平台;另一个是高级专业几何网格划分工具——ICEM CFD 网格剖分工具。

本节简要介绍 Meshing 几何网格划分平台以及特点,在后面的章节中将详细叙述网格划分的方法。Meshing 几何网格划分界面如图 3-10 所示。

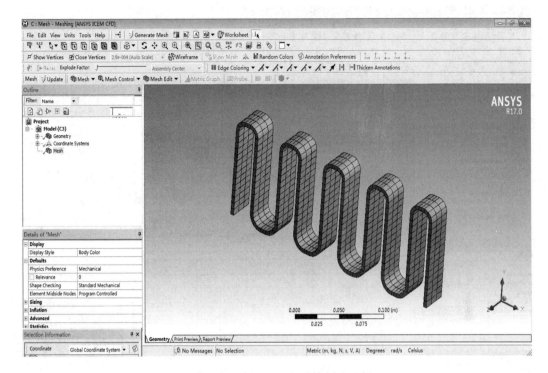

图 3-10　Meshing 几何网格划分界面

网格划分的目的是对 CFD 和 FEA 模型实现离散化，并用适当数量的网格单元得到最精确的解。Meshing 几何网格划分平台具有以下几个特点。

(1) 参数化：可以利用参数来驱动网格划分；

(2) 稳定性：模型通过系统参数进行更新；

(3) 高度自动化：仅需要有限的输入信息即可完成基本的分析类型；

(4) 灵活性：能够对结果网格添加控制和影响(完全控制建模/分析)；

(5) 物理相关：根据物理环境的不同，系统自动建模和分析的物理系统；

(6) 自适应结构：适用用户程序的开放系统；

(7) 能识取 CAD Neutral、Meshing Neutral、Solver Neutral 等格式的文件。

Meshing 几何网格剖分平台可以在任何类型的分析中使用，其中包括：

(1) FEA 仿真，其中包括：结构动力学分析、显示动力学分析(包括 AUTODYN 及 ANSYS LSDYNA)和电磁分析。

(2) CFD 分析，其中包括：ANSYS CFX 和 ANSYS Fluent。

3.4　加载并求解

有限元分析的主要目的是检查结构或构件对一定载荷条件的响应。因此，在分析中指定合适的载荷条件是关键的一步。在 ANSYS Workbench 17.0 综合平台下，Mechanical 模块可以对模型施加载荷和约束。Mechanical 界面如图 3-11 所示。

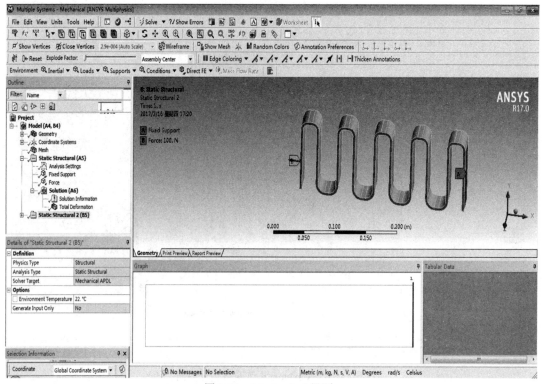

图 3-11　Mechanical 界面

载荷和约束是 ANSYS Workbench 17.0 中 Mechanical 求解计算的边界条件，它们是以所选单元的自由度的形式定义的。

在 Mechanical 中提供了以下 4 种类型的约束载荷。

(1) 惯性载荷：专指施加在定义好的质量点上的力(Point Masses)，惯性载荷施加在整个模型上，进行惯性计算时必须输入材料的密度。

(2) 结构载荷：施加在系统零部件上的力或力矩。

(3) 结构约束：限制部件在某一特定区域内移动的约束，也就是限制部件的一个或多个自由度。

(4) 热载荷：施加热载荷时系统会产生一个温度场，使模型中发生热膨胀或热传导，进而在模型中进行热扩散。

所有的设置完成之后就是对模型进行求解，在 Mechanical 中有两种求解器：直接求解器与迭代求解器。通常情况下，求解器是自动选取的，当然也可以预先设定求解器。

3.5　后　处　理

Workbench 平台的后处理包括：查看结果、显示结果(Scope Results)、输出结果、坐标系和方向解、结果组合(Solution Combinations)、应力奇异(Stress Singularities)、误差估计、收敛状况等内容。ANSYS Workbench 17.0 平台下，Mechanical 对模型加载求解完成后就可查看结果，如图 3-12 所示为模型应力、应变情况。

第 3 章　ANSYS Workbench 17.0 分析基本步骤

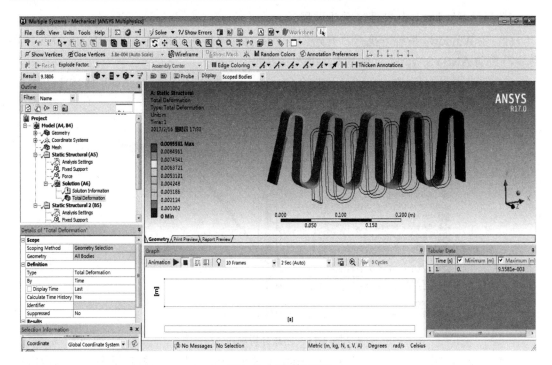

图 3-12　后处理结果

此处只是简单介绍了一下后处理的概念，详细的内容将在后面的章节中叙述。

3.6　Workbench 案例

本节通过一个案例，进一步介绍 ANSYS Workbench 17.0 分析的基本步骤。读者不必弄清每一个步骤，这在后面的章节中将详细介绍。

如图 3-13 所示的不锈钢钢板尺寸为 320 mm × 50 mm × 20 mm，其中一端固定，另一端为自由状态，同时在一面上有均布面载荷 q = 0.2 MPa，试用 ANSYS Workbench 17.0 求解出应力与应变的分布云图。

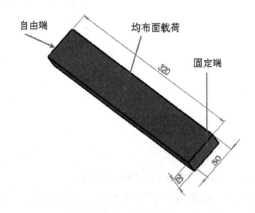

图 3-13　案例问题

1. 启动 Workbench 并建立分析项目

(1) 在 Windows 系统下执行"开始"→"所有程序"→ANSYS 17.0→Workbench 17.0 命令，启动 ANSYS Workbench 17.0，进入主界面。

(2) 双击主界面 Toolbox(工具箱)中的 Component Systems→Geometry(几何体)选项，即可在项目管理区创建分析项目 A，如图 3-14 所示。

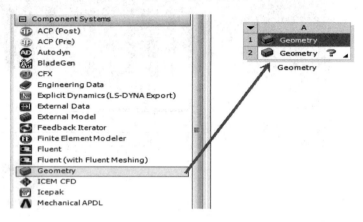

图 3-14 创建分析项目 A

(3) 在工具箱中的 Analysis Systems→Static Structural 处按住鼠标左键并将该选项拖曳到项目管理区中，当项目 A 的 Geometry 呈红色高亮显示时，放开鼠标创建项目 B，此时相关联的数据可共享，如图 3-15 所示。

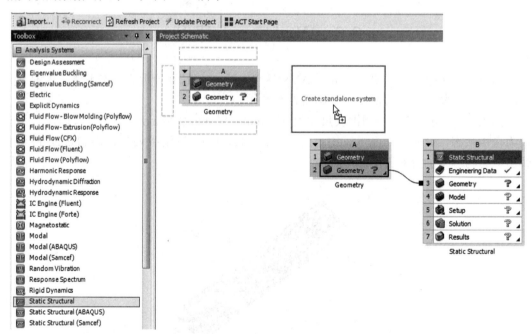

图 3-15 创建分析项目

注：本案例是线性静态结构分析，创建项目时可直接创建项目 B，而不创建项目 A，几何体的导入可在项目 B 的 B3 栏 Geometry 中导入创建。本案例的创建方法在对同一模型

进行不同的分析时会经常用到。

2. 创建几何体

(1) 在 A2 栏的 Geometry 上双击鼠标左键，系统会进入 DesignModeler 界面。

(2) 设置单位，单击菜单栏上的 Units，在弹出的快捷菜单中选择 Millimeter，如图 3-16 所示。

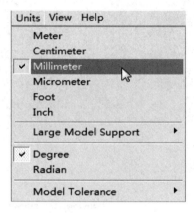

图 3-16　设置单位

(3) 设置绘图平面，在 Modeling 的 Geometry 中选择 XYPlane，然后单击 图标，如图 3-17 所示。

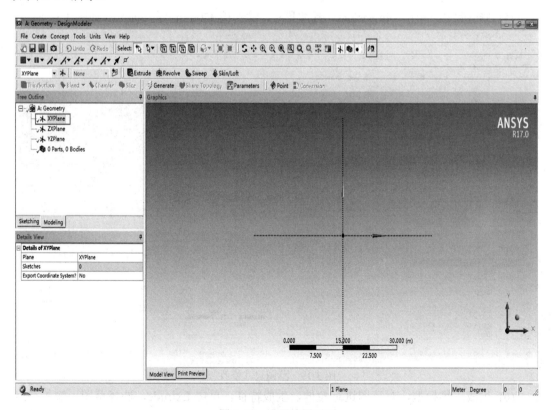

图 3-17　设置绘图平面

(4) 绘制草图，单击 Sketching→Draw→Rectangle，绘制如图 3-18 所示的图形。

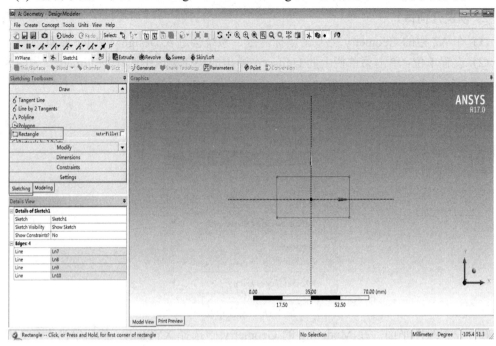

图 3-18　草图绘制

(5) 修改尺寸，单击 Dimensions，标注尺寸，输入长 320mm、宽 50mm，如图 3-19 所示。

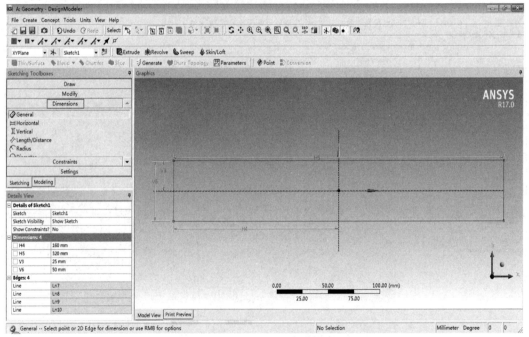

图 3-19　草图尺寸修改

(6) 生成三维模型，对草图进行拉伸，生成特征。单击 Extrude，选择草图，输入高度 20 mm，如图 3-20 所示。

第 3 章　ANSYS Workbench 17.0 分析基本步骤

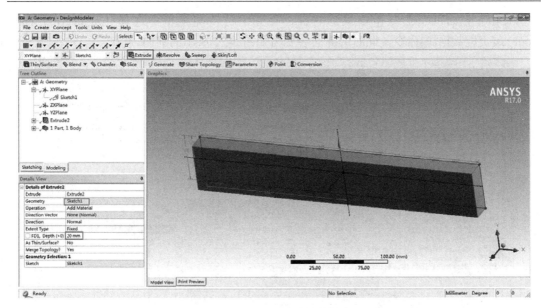

图 3-20　三维模型

(7) 单击 DesignModeler 界面右上角的 ✕ (关闭)按钮，退出 DesignModeler，返回 Workbench 主界面。

3. 添加材料库

(1) 双击项目 B 中的 B2 栏 Engineering Data 项，进入如图 3-21 所示的材料参数设置界面。

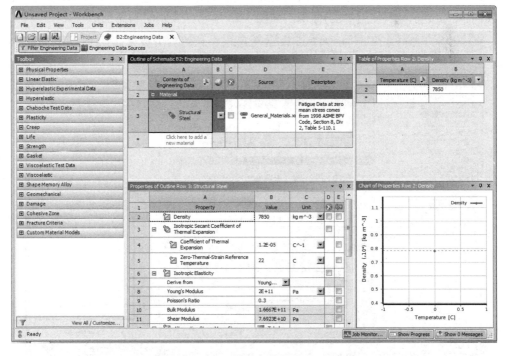

图 3-21　材料参数设置界面

(2) 在界面的空白处单击鼠标右键，在弹出的快捷菜单中选择 Engineering Data Sources(工程数据源)命令，此时的界面会变为如图 3-22 所示的界面。

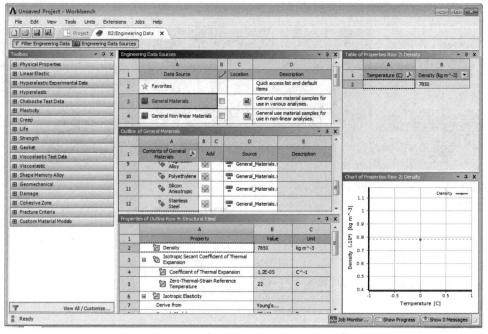

图 3-22　材料参数设置界面

(3) 在 Engineering Data Sources 表中选择 A3 栏 General Materials，然后单击 Outline of General Materials 表中 A11 栏 Stainless Steel(不锈钢)后的 B11 栏中的 ✚(添加)按钮，此时在 C11 栏中会显示 ⬛(使用中的)标识，如图 3-23 所示，表示材料添加成功。

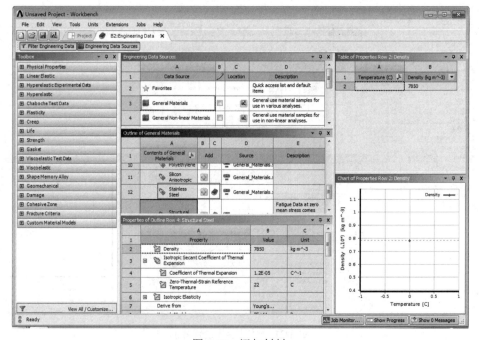

图 3-23　添加材料

(4) 同步骤(2)，在界面的空白处单击鼠标右键，在弹出的快捷菜单中选择 Engineering Data Sources(工程数据源)命令，返回到初始界面中。

(5) 根据实际工程材料的特性，在 Properties of Outline Row 3: Stainless Steel 表中可以修改材料的特性，如图 3-24 所示，本案例采用的是默认值。

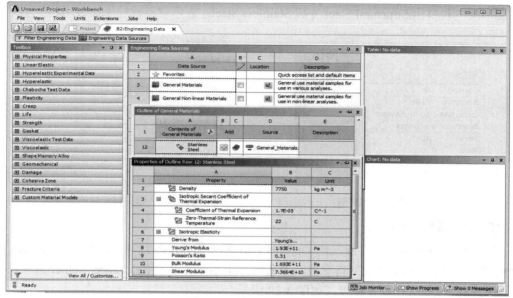

图 3-24 材料参数修改窗口

(6) 单击 Engineering Data 界面右上角的 ×(关闭)按钮，退出 Engineering Data，返回到 Workbench 主界面。

4. 添加模型材料属性

(1) 双击项目管理区项目 B 中的 B4 栏 Model 项，进入如图 3-25 所示的 Mechanical 界面，在该界面下即可进行网格的划分、分析设置、结果观察等操作。

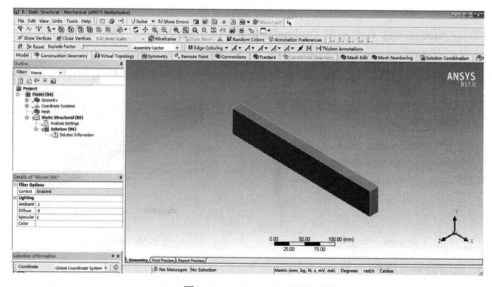

图 3-25 Mechanical 界面

(2) 选择 Mechanical 界面左侧 Outline(分析树)中 Geometry 选项下的 Solid，此时即可在 Details of "Solid"（参数列表）中给模型添加材料，如图 3-26 所示。

(3) 单击参数列表中的 Material 下 Assignment 区域后的 ▶ 按钮，此时会出现刚刚设置的材料 Stainless Steel，如图 3-27 所示，选择后即可将其添加到模型中去。此时分析树 Geometry 的材料由 Structural Steel 变成 Stainless Steel，表示材料已经添加成功。

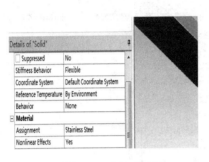

图 3-26　添加材料

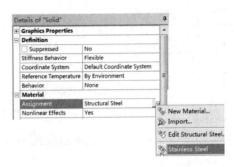

图 3-27　添加材料后的分析树

5. 划分网格

(1) 选择 Mechanical 界面左侧 Outline(分析树)中的 Mesh 选项，此时可在 Details of "Mesh"（参数列表）中修改网格参数。本案例将在 Sizing 中的 Relevance Center 选项设置为 Medium，其余采用默认设置，如图 3-28 所示。

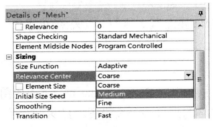

图 3-28　Mesh 设置

(2) 在 Mechanical 界面左侧 Outline(分析树)中的 Mesh 选项上单击鼠标右键，在弹出的快捷菜单中选择 Generate Mesh 命令，此时会弹出如图 3-29 所示的进度显示条，表示网格正在划分，当网格划分完成后，进度条自动消失，最终的网格效果如图 3-30 所示。

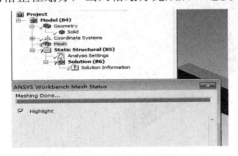

图 3-29　生成网格

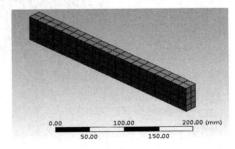

图 3-30　网格效果

6. 施加载荷与约束

(1) 选择 Mechanical 界面左侧 Outline(分析树)中的 Static Structural(B5)选项，此时会出

现 Environment 工具栏。选择 Environment 工具栏中的 Supports(约束)→Fixed Support(固定约束)命令，此时在分析树中会出现 Fixed Support 选项，如图 3-32 所示。

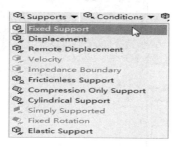

图 3-32 添加固定约束

(2) 选中 Fixed Support 选项，选择需要施加固定约束的面，单击 Details of "Fixed Support"参数列表中 Geometry 选项下的 Apply 按钮，即可在选中面上施加固定约束，如图 3-33 所示。

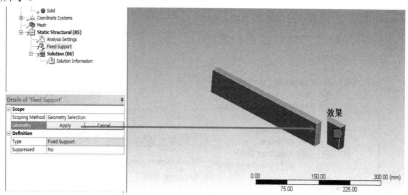

图 3-33 施加固定约束

(3) 同步骤(2)，选择 Environment 工具栏中的 Loads(载荷)→Pressure(压力)命令，此时在 Outline(分析树)中会出现 Pressure 选项，如图 3-34 所示。

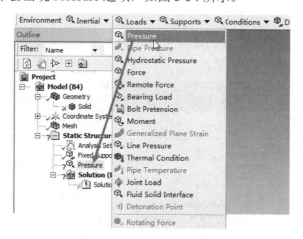

图 3-34 添加压力

(4) 同步骤(3)，选中 Pressure 选项，选择需要施加压力的面，单击 Details of "Pressure" 参数列表中 Geometry 选项下的 Apply 按钮，同时在 Magnitude 选项下设置压力为

2MPa 的面载荷，如图 3-35 所示。

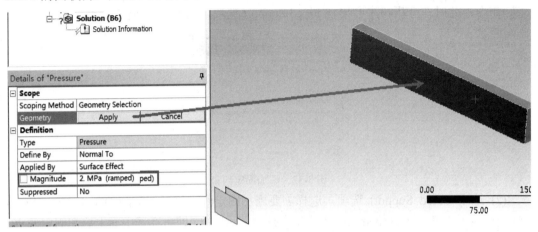

图 3-35　添加面载荷

(5) 在 Outline(分析树)中的 Static Structural(B5)选项上单击鼠标右键，在弹出的快捷菜单中选择 Solve(F5)命令，此时会弹出进度显示条，表示正在求解，当求解完成后进度条自动消失，如图 3-36 所示。

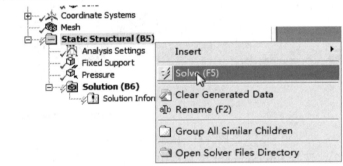

图 3-36　求解

7. 结果后处理

(1) 选择 Mechanical 界面左侧 Outline(分析树)中的 Solution(B6)选项，此时会出现如图 3-37 所示的 Solution(B6)工具栏。

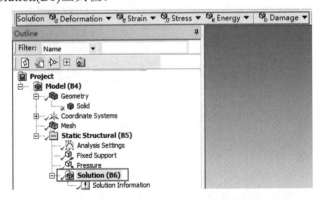

图 3-37　Solution 工具栏

(2) 选择 Solution 工具栏中的 Stress(应力)→Equivalent(von-Mises)命令，此时在 Outline(分析树)中会出现 Equivalent Stress(等效应力)选项，如图 3-38 所示。

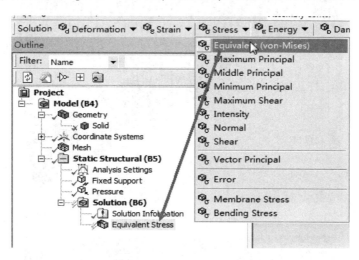

图 3-38 添加等效应力选项

(3) 如同步骤(2)，选择 Solution 工具栏中的 Strain(应变)→Equivalent(von-Mises)命令，在 Outline(分析树)中会出现 Equivalent Elastic Strain(等效应变)选项。选择 Solution 工具栏中的 Deformation(变形)→Total 命令，在分析树中会出现 Total Deformation(总变形)选项。

(4) 在 Outline(分析树)中的 Solution(B6)选项上单击鼠标右键，在弹出的快捷菜单中选择 Evaluate All Results 命令，如图 3-39 所示，此时会弹出进度显示条，表示正在求解，当求解完成后进度条自动消失。

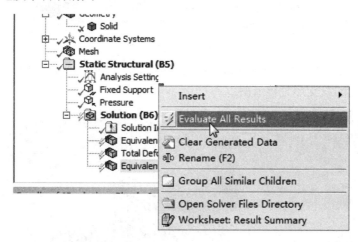

图 3-39 快捷菜单

(5) 选择 Outline(分析树)中 Solution(B6)下的 Equivalent Stress 选项，此时会出现如图 3-40 所示的应力分析云图。

(6) 选择 Outline(分析树)中 Solution(B6)下的 Equivalent Elastic Strain 选项，此时会出现如图 3-41 所示的应变分析云图。

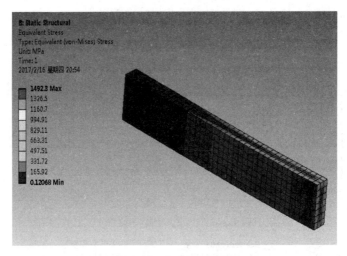

图 3-40 应力分析云图

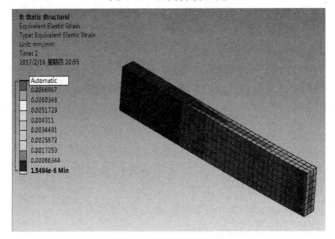

图 3-41 应变分析云图

(7) 选择 Outline(分析树)中 Solution(B6)下的 Total Deformation(总变形)选项,此时会出现如图 3-42 所示的总变形分析云图。

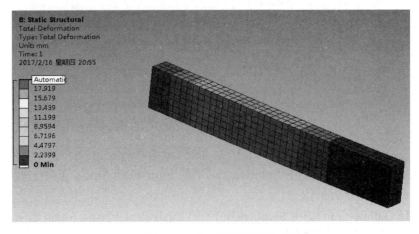

图 3-42 总变形分析云图

8. 保存与退出

(1) 单击 Mechanical 界面右上角的 ✖ (关闭)按钮，退出 Mechanical 返回到 Workbench 主界面。此时主界面中的项目管理区中显示的分析项目均已完成。

(2) 在 Workbench 主界面中单击菜单栏中的 Save As 命令，命名为 Moxing，保存包含有分析结果的文件，如图 3-43 所示。

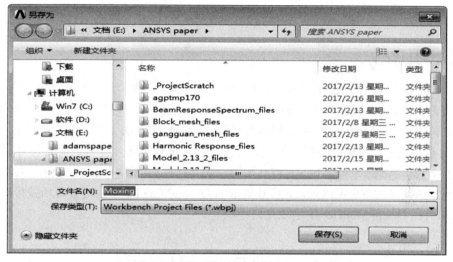

图 3-43 另存文件

(3) 单击右上角的 ✖ (关闭)按钮，退出 Workbench 主界面，完成项目分析。

第4章 几何建模

【学习目标】
- 掌握 DesignModeler 平台零件几何建模的方法与步骤；
- 掌握 DesignModeler 平台外部几何的导入；
- 掌握 DesignModeler 平台装配体及复杂几何的建模方法。

几何模型是进行有限元分析的基础，在工程项目进行有限元分析之前必须对其建立有效的几何模型，ANSYS Workbench 17.0 所用到的几何模型既可以通过其他的 CAD 软件导入，也可以采用 ANSYS Workbench 17.0 集成的 DesignModeler 平台进行几何建模。本章着重介绍如何在 DesignModeler 中建立几何模型。

4.1 认识 DesignModeler

4.1.1 进入 DesignModeler

在 ANSYS Workbench 17.0 主界面的项目管理区中双击 Geometry(几何体)，即可进入 DesignModeler，初次进入后会弹出如图 4-1 所示的 DesignModeler 操作界面。

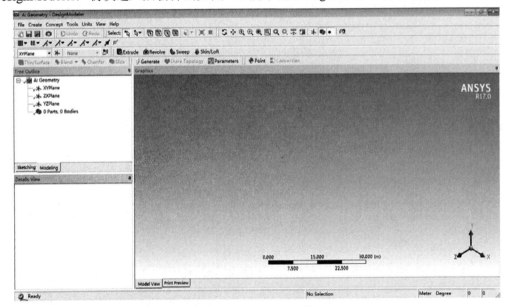

图 4-1 DesignModeler 操作界面

在菜单栏中选择 Units，再选择相应的单位制，如图 4-2 所示，通常情况下，根据绘图需要选择 Millimeter(毫米，mm)。

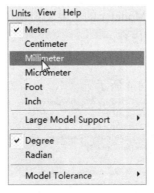

图 4-2 选择单位制

4.1.2 DesignModeler 的操作界面

如图 4-3 所示为 DesignModeler 的典型操作界面，实际上它与当前流行的三维 CAD 软件类似，其操作方式也类似。DesignModeler 操作界面包括菜单栏、工具栏、设计树、图形窗口、模式标签、参数列表等内容。

图 4-3 DesignModeler 操作界面

其中设计树提供了用户在设计时的设计步骤，保留了设计思路，可方便用户的查阅与修改。参数列表提供的是建模时所用到的相关参数，通过相关参数的修改可以对模型进行控制。模式标签用来进行草图与模型间的切换。草图与模型是在不同的图形编辑环境下进行的。参数列表中显示的是绘图命令的详细信息，通过参数列表可以定义相应的尺寸值等内容。用来显示图形的绘制结果，在图形窗口中可以直接预览图形的最终效果。

菜单栏和工具栏的内容将在下面章节中详细介绍。

4.1.3 菜单栏介绍

如同其他 CAD 软件，DesignModeler 的主要功能均集中在各项主菜单中，包括 File(文件)、Create(造型)、Tools(工具)等内容。

1. File(文件)菜单

File(文件)菜单中的命令如图 4-4 所示。

图 4-4　File 菜单

- Refresh Input(刷新输入)：当几何数据发生变化时，单击此命令可保持几何文件同步。
- Save Project(保存工程文件)：单击此命令保存工程文件，如果是新建立未保存的工程文件，ANSYS Workbench 17.0 平台会提示输入文件名。
- Export(几何输出)：单击 Export 命令后，DesignModeler 平台会弹出"另存为"对话框，在对话框的保存类型中，读者可以选择喜欢的几何数据类型。
- Attach to Active CAD Geometry(动态链接开启的 CAD 几何)：单击此命令后，DesignModeler 平台会将当前活动的 CAD 软件中的几何数据模型读入到图形交互窗口中。
- Import External Geometry File(导入外部几何文件)：单击此命令，在弹出的图 4-5 所示的对话框可以选择所要读取的文件名，此外，DesignModeler 平台支持的所有外部文件格式在"打开"对话框中的文件类型中被列出。

图 4-5　打开文件对话框

2. Create(创建)菜单

如图 4-6 所示，Create 菜单中包含对实体操作的一系列命令，包括实体拉伸、倒角、放样等操作，下面对 Create(创建)菜单中的实体操作命令进行简单介绍。

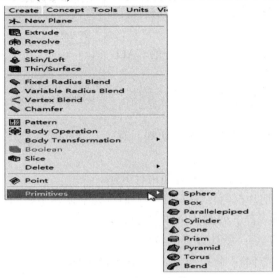

图 4-6 Create 菜单

(1) New Plane(创建新平面)：单击此命令后，会在 Details View 窗口中出现如图 4-7 所示的平面类型(From Plane)设置面板，在 Details of Plane12 下的 Type 中显示了 6 种设置新平面的类型。

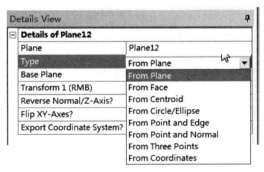

图 4-7 平面类型

① From Plane(以平面)：从已有的平面中创建新平面。

② From Face(以一个表面)：从已有的表面中创建新平面。

③ From Point and Edge(以一点和一条边)：从已经存在的一条边和一个不在这条边上的点创建新平面。

④ From Point and Normal(以一点和法线方向)：从一个已经存在的点和一条边界方向的法线创建新平面。

⑤ From Three Points(以 3 点)：从已经存在的 3 个点创建一个新平面。

⑥ From Coordinates(以坐标系)：通过设置与坐标系相对位置来创建新平面。

当选择以上 6 种类型中的任何一种来建立新平面，Type 下的选项会有所变化，具体请参考帮助文档。

(2) Extrude(拉伸)：如图 4-8 所示，本命令可以将二维的平面图形拉伸成三维的立体图形，即对已经草绘完成的二维平面图形沿着二维图形所在平面的法线方向进行拉伸操作。下面介绍几种常用选项。

① Operation 选项：可以选择下列五种操作方式。

• Add Material(添加材料)：与常规的 CAD 拉伸方式相同，这里不再赘述。

• Add Frozen(添加冻结)：添加冻结零件，后面会提到。

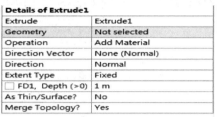

图 4-8　拉伸设置面板

• Cut Material (剪切材料)：实体切割，对现有模型进行材料切除。

• Imprint Faces(印记面)：对现有面进行分割。

• Slice Material(切片材料)：在冻结体中通过切割创建出新的冻结体。

② Direction 选项：有下列四种拉伸方式可以选择。

• Normal(普通方式)：默认设置的拉伸方式。

• Reversed(相反方向)：此拉伸方式与 Normal 方向相反。

• Both-Symmetric(双向对称)：沿着两个方向同时拉伸指定的拉伸深度。

• Both-Asymmetric(双向非对称)：沿着两个方向同时拉伸指定的拉伸深度，但是两侧的拉伸深度不相同，需要在下面的选项中设定。

③ As Thin/Surface?：用于选择拉伸是否为薄壳拉伸，如果在选项中选择 YES，则需要分别输入薄壳的内壁和外壁厚度。

(3) Revolve(旋转)：单击此命令后，出现图 4-9 所示的旋转设置面板。下面介绍几种常见选项。

① Geometry(几何)：用于选择需要做旋转操作的二维平面几何图形；

② Axis(旋转轴)：用于选择二维几何图形旋转所需要的轴线；

③ Operation、As Thin/Surface?、Merge Topology 选项：参考 Extrude 命令相关内容；

④ Direction 栏：用于输入旋转角度。

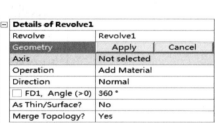

图 4-9　旋转设置面板

(4) Sweep(扫掠)：单击此命令后，弹出图 4-10 所示的扫掠操作面板。下面介绍几种常用选项。

① Profile(截面轮廓)：用于选择二维几何图形作为要扫掠的对象；

② Path(扫掠路径)：用于选择直线或者曲线来确定二维几何图形扫掠的路径；

③ Alignment(扫掠调整方式)：用于选择按 Path Tangent (沿着路径切线方向)或者 Global Axes(总体坐标轴)两种方式；

图 4-10　扫掠设置面板

④ FD4,Scale(>0):用于输入比例因子来扫掠比例;

⑤ Twist Specification(扭曲规则):用于选择扭曲的方式,有 No Twist(不扭曲)、Turns(圈数)及 Pitch(螺距)三种选项。

• No Twist(不扭曲):扫掠出来的图形是沿着扫掠路径的;

• Turns(圈数):在扫掠过程中设置二维几何图形绕扫掠路径旋转的圈数,如果扫掠的路径是闭合环路,则圈数必须是整数;如果扫掠路径是开路,则圈数可以是任意数值。

• Pitch(螺距):在扫掠过程中设置扫掠的螺距大小。

(5) Skin/Loft(蒙皮/放样):单击此命令后,弹出图 4-11 所示的蒙皮/放样操作面板。

在 Profile Selection Method(轮廓文件选择方式)栏中可以用 Select All Profiles(选择所有轮廓)或者 Select Individual Profiles(选择单个轮廓)两种方式选择二维几何图形,选择完成后,会在 Profiles 下面出现所选择的所有轮廓几何图形名称。

(6) Thin/Surface(抽壳):单击此命令后,弹出图 4-12 所示的抽壳操作设置面板。

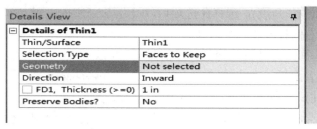

图 4-11 放样操作设置面板

① 在 Selection Type(选择方式)栏中可以选择以下 3 种方式。

• Faces to Keep(保留面):选择此选项后,对保留面进行抽壳处理;

• Faces to Remove(去除面):选择此选项后,对选中面进行去除操作;

• Bodies Only(仅体):选择此选项后,将对选中的实体进行抽空处理;

② 在 Direction(方向)栏中可以通过以下 3 种方式对抽壳进行操作。

• Inward(内部壁面):选择此选项后,抽壳操作对实体进行壁面向内部抽壳处理;

• Outward(外部壁面):选择此选项后,抽壳操作对实体进行壁面向外部抽壳处理;

• Mid-Plane(中间面):选择此选项后,抽壳操作对实体进行中间壁面抽壳处理。

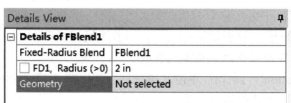

图 4-12 抽壳操作设置面板

(7) Fixed Radius Blend(确定半径倒圆角):单击此命令后,弹出图 4-13 所示的倒圆角设置面板。

图 4-13 确定半径倒圆角设置面板

① FD1，Radius(>0)栏：用于输入圆角的半径；

② Geometry 栏：用于选择要倒圆角的棱边或者平面，如果选择的是平面，则倒圆角命令将平面周围的几条棱边全部倒成圆角。

(8) Variable Radius Blend(变化半径倒圆角)：单击此命令后，弹出图 4-14 所示的倒圆角设置面板。

① Transition(过渡)选项栏：可以选择 Smooth(平滑)和 Linear(线性)两种；

② Edges(棱边)选项：选择要倒角的棱边；

③ Start Radius(>=0)栏：输入初始半径大小；

④ End Radius(>=0)栏：输入尾部半径大小。

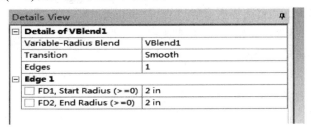

图 4-14　变化半径倒圆角设置面板

(9) Chamfer(倒角)：单击此命令后，弹出图 4-15 所示的倒角设置面板。

① Geometry 栏：用于选择实体棱边或者表面，当选择表面时，将表面周围的所有棱边全部倒角。

② Type(类型)栏：有以下 3 种数值输入方式。

• Left-Right(左-右)：选择此选项后，在下面的栏中输入两侧的长度。

• Left-Angle(左-角度)：选择此选项后，在下面的栏中输入左侧长度和一个角度。

• Right-Angle(右-角度)：选择此选项后，在下面的栏中输入右侧长度和一个角度。

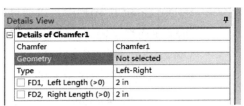

图 4-15　倒角设置面板

(10) Pattern(阵列)：单击此命令后，弹出图 4-16 所示的阵列设置面板。

① Linear(线性)：选择此选项后，将沿着某一方向创建阵列，需要在 Direction(方向)栏中选择阵列的方向和偏移距离以及阵列数量。

② Circular(圆形)：选择此选项后，将围绕某根轴线一圈创建阵列，需要在 Axis(轴线)栏中选择轴线及偏移距离和阵列数量。

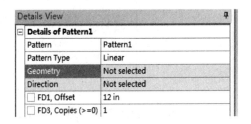

图 4-16　阵列设置面板

③ Rectangular(矩形)：选择此选项后，将沿着两根相互垂直的边或者轴线创建阵列，需要选择两个阵列方向及偏移距离和阵列数量。

(11) Body Operation(体操作)：单击此命令后，弹出图 4-17 所示的体操作设置面板。在 Type(类型)栏中有以下几种体操作样式。

① Sew(缝合)：对有缺陷的体进行补片复原后，再利用缝合命令对复原部位进行实体

化操作。

② Simplify(简化模型)：将模型简化，以方便后面的分析。

③ Cut Material(切材料)：对选中的体进行去除材料操作。

④ Imprint Faces(表面印记)：对选中体进行表面印记操作。

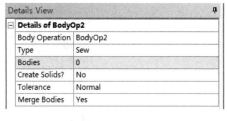

图 4-17 体操作设置面板

⑤ Slice Material(材料切片)：需要在一个完全冻结的体上执行操作，对选中材料进行材料切片操作。

⑥ Clean Bodies(删除)：对选中平面进行删除操作。

(12) Boolean(布尔运算)：单击此命令后，弹出图 4-18 所示的布尔运算设置面板。在 Operation(操作)选项中有以下 4 种操作选项：

① Unit(并集)：将多个实体合并到一起，形成一个实体，此操作需要在 Tools Bodies(工具体)栏中选中所有进行体合并的实体。

② Subtract(差集)：将一个实体(Tools Bodies)从另一个实体(Target Bodies)中去除；需

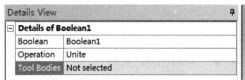

图 4-18 布尔运算设置面板

要在 Target Bodies(目标体)中选择所要切除材料的实体，在 Tools Bodies(工具体)栏中选择要切除的实体工具。

③ Intersect(交集)：将两个实体相交部分取出来，其余的实体被删除。

④ Imprint Faces (表面印记)：生成一个实体(Tools Bodies)与另一个实体(Target Bodies)相交处的面；需要在 Target Bodies(目标体)和 Tools Bodies(工具体)栏中分别选择两个实体。

(13) Slice(切片)：增强了 DesignModeler 的可用性，可以产生用来划分映射网格的可扫掠分网的体。当模型完全由冻结体组成时，本命令才可用。单击此命令后，弹出图 4-19 所示的切片设置面板。在 Slice Type(切片类型)选项中有以下几种方式对体进行切片操作：

① Slice by Plane(用平面切片)：利用已有的平面对实体进行切片操作,平面必须经过实体，在 Base

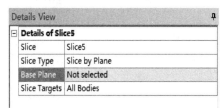

图 4-19 切片设置面板

Plane(基准平面)栏中选择平面。

② Slice off Faces (用表面偏移平面切片)：在模型上选中一些面，这些面大概形成一定的凹面，本命令将切开这些面。

③ Slice by Surface(用曲面切片)：利用已有的曲面对实体进行切片操作，在 Target Face(目标面)栏中选择曲面。

④ Slice off Edges(用边做切片)：选择切分边，用切分出的边创建分离体。

⑤ Slice By Edge Loop(用封闭棱边切片)：在实体模型上选择一条封闭的棱边来创建分离体。

3. Concept(概念)菜单

图 4-20 所示为 Concept(概念)菜单。Concept 菜单中包含了对线体和面操作的一系列命

令,即线体的生成与面的生成等。具体的使用方法会在后面内容讲述。

图 4-20 Concept(概念)菜单

4. Tools(工具)菜单

图 4-21 所示为 Tools(工具)菜单,Tools 菜单中包含了对线、体和面操作的一系列命令,即冻结、解冻、选择命名、属性、包含、填充等命令。

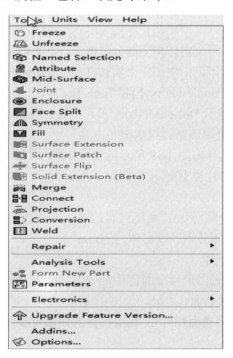

图 4-21 Tools(工具)菜单

下面对一些常用的工具命令进行简单介绍。

(1) Freeze(冻结):DesignModeler 平台会默认地将新建立的几何体和已有的几何体合并起来保持单个体,如果想将新建立的几何体与已有的几何体分开,则需要将已有的几何体进行冻结处理。

冻结特征可以将所有的激活体转到冻结状态,但是在建模过程中除切片操作以外,其他命令都不能用于冻结体。

(2) Unfreeze(解冻):冻结的几何体可以通过本命令解冻。

(3) Named Selection(选择命名):用于对几何体中的节点、边线、面、体等进行命名。

(4) Mid-Surface(中间面):用于将等厚度的薄壁类结构简化成"壳"模型。

(5) Enclosure(包含):在体附近创建周围区域以方便模拟场区域,本操作主要应用于流体动力学(CFD)及电磁场有限元分析(EMAG)等计算的前处理,通过 Enclose 操作可以创建物体的外部流场或者绕组的电场或磁场计算域模型。

(6) Fill(填充):与 Enclosure (包含)命令相似,Fill 命令主要为几何体创建内部计算域,如管道中的流场等。

View(视图)菜单主要是对几何体显示的操作,Help(帮助)菜单提供了在线帮助等,这里不再赘述。

4.1.4 工具栏

为了方便操作,DesignModeler 将一些常见的功能以工具栏的形式组合在一起,放置在菜单栏的下方。常用的工具栏如图 4-22 所示。

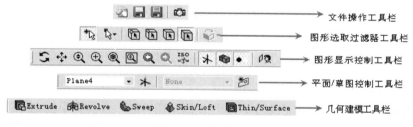

图 4-22 常用工具栏

- 文件操作工具栏:该工具栏包含了常用的 DesignModeler 应用命令,有新建、保存、输出等命令,方便用户操作。
- 图形选取过滤器工具栏:该工具栏主要用来控制图形的选取,包括点、线、面、体的选择等,方便在绘图时选取对象。
- 图形显示控制工具栏:该工具栏的命令可以用来激活鼠标视角的控制,通过对图形的放大、缩小、移动、全局等控制图形的显示效果。
- 平面/草图控制工具栏:该工具栏可以控制选择草图绘制的基准面,并可以定义草图名称。
- 几何建模工具栏:该工具栏的命令可以用于 3D 界面的各种运算,包括拉伸、旋转、扫掠、蒙皮等操作,以生成 3D 几何体。

4.1.5 DesignModeler 的鼠标操作

在 DesignModeler 建模中鼠标操作是必不可少的,通常用户用的均为三键鼠标,三键鼠标的操作方式如表 4-1 所示。

表 4-1　DesignModeler 中的鼠标操作方式

鼠标按键	配合应用	功　能
左键	单击鼠标左键	选择几何体
	Ctrl + 单击左键	添加或移除选定的实体
	按住左键 + 拖动光标	连续选择实体
中键	按住中键	自由旋转
	Ctrl + 按住中键	拖动实体
	滚动	缩小/放大实体
右键	单击鼠标右键	弹出快捷菜单
	按住鼠标右键框选	窗口框选缩放(快捷操作)

4.2　DesignModeler 草绘模式

　　DesignModeler 草图是在平面上创建的，通常一个 DesignModeler 交互对话在全局直角坐标系原点中有三个默认的正交平面(XY、ZX、YZ)可以选为草图的绘制平面，还可以根据需要创建任意多的工作平面。草图的绘制过程大致可分为两个步骤：

　　(1) 定义绘制草图的平面。除全局坐标系的三个默认的正交平面外，还可以根据需要定义原点和方位，或通过使用现有几何体做参照平面创建和放置新的草绘工作平面。

　　(2) 在所希望的平面上绘制或识别草图。

1. 创建新平面

　　新平面(New Plane)的创建是通过单击"平面/草图控制"工具栏中的 ✱ (新平面)按钮或者在菜单栏中 Create 下的 New Plane 命令来完成的。创建新平面后，树形目录中会显示新平面对象，如图 4-23 所示，此时即可在平面中绘制草图。

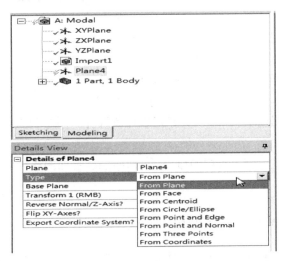

图 4-23　创建新平面

在平面参数设置栏中,构建平面的 6 种类型已在上面内容中介绍过,此处不再赘述。

2. 创建新草图

新草图(New Sketch)的创建是在激活平面上,通过单击"平面/草图控制"工具栏中的 (New Sketch)按钮来完成的。

新草图创建后放在树形目录中,且在相关平面的下方,如图 4-24 所示。

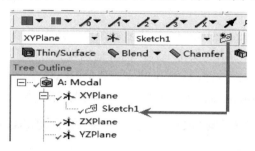

图 4-24　创建新草图

3. 草图模式

选择了新草图之后,单击工具箱下方的 Sketching,即可进入到草图绘制界面,在草图模式中,工具箱中包括了一系列面板,如图 4-25 和图 4-26 所示,图中给出了 Draw(绘图)、Modify(修改)、Dimensions(尺寸)、Constraints(约束)及 Settings(设置)五个面板。

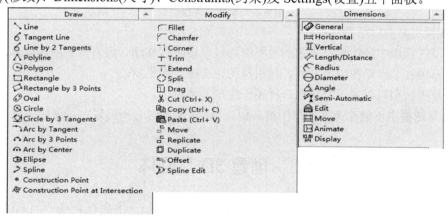

图 4-25　Draw(绘图)、Modify(修改)、Dimensions(尺寸)面板

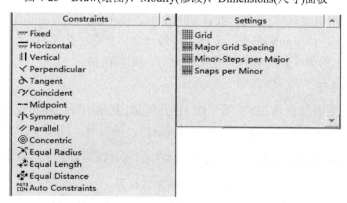

图 4-26　Constraints(约束)和 Settings(设置)面板

当创建或改变平面和草图时，单击"图形显示控制"工具栏中的 ![icon](Look At Face/Plane/ Sketch)按钮可以立即改变视图方向，使该平面、草图或选定的实体与视线垂直。

ANSYS Workbench 的草图绘制模式如同 AutoCAD、Solid Works 等 CAD 工具，绘制方法也类似，这里不再赘述，可参考相关学习资料，且通过本章后面的实例操作即可快速掌握相关命令。

4. 草图援引

草图援引(Insert Sketch Instance)是用来复制源草图并将其加入到目标面中的一种草绘方法。复制的草图和源草图始终保持一致，也就是说复制对象随着源对象的更新而更新。

在草图平面上单击鼠标右键，在弹出的快捷菜单中选择 Insert Sketch Instance 命令，然后在参数列表中设置 Base Sketch 等参数即可创建草图援引，如图 4-27 所示。

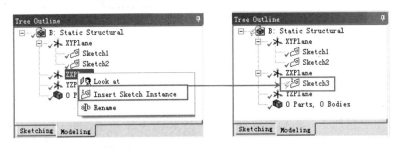

图 4-27 创建草图援引

草图援引具有以下特性：
- 草图援引中的边界是固定的且不能通过草图进行移动、编辑或删除等操作。
- 草图在基准草图中改变时，援引草图也会随之被更新。
- 草图援引可以像正常草图一样用于生成其他特征。

注：草图援引不能作为基准草图被其他草图援引，同时它不出现在草图的下拉菜单中。

4.3 创建 3D 几何体

将草图进行拉伸、旋转或表面建模等操作后得到的几何体称为 3D 几何体。DesignModeler 中包括实体、表面体、线体等三种不同的体类型，其中实体由表面和体组成，表面体由表面(但没有体)组成，线体则完全由边线组成，没有面和体。

在默认情况下，DesignModeler 会自动将每一个体放在一个零件中。单个零件一般独自划分网格，其上的多个体可以在共享面上划分匹配的网格。

1. 创建 3D 特征

3D 特征操作通常是指由 2D 草图生成 3D 几何体。常见的特征操作包括 Extrude(拉伸)、Revolve(旋转)、Sweep(扫掠)、Skin/Loft(蒙皮/放样)、抽面等，如图 4-28 所示。

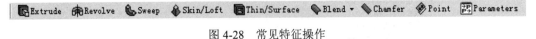

图 4-28 常见特征操作

这些命令的使用方法在上面内容有详细的介绍，此处不再重复。

2. 激活体和冻结体

在默认状态下，DesignModeler 会将新的几何体与已有的几何体合并来保持单个体。通过激活或冻结体可以控制几何体的合并。在 DesignModeler 中存在 Active(激活)及 Freezon(冻结)两种状态的体。

1) 激活体

体默认为激活状态，在该状态下体可以进行常规的建模操作，如布尔操作等，但不能被切片(Slice)，激活体在特征树形目录中显示为蓝色(✓ 🟦)。

注：切片操作是 DesignModeler 的特色之一，它主要是为网格划分中划分规则的六面体服务的。

2) 冻结体

冻结体的目的是为仿真装配建模提供一种不同选择的方式。由于建模中的操作除切片外均不能用于冻结体，因此可以说冻结体是专门为体切片设置的。

注：对于一些不规则的几何体首先要进行冻结，然后对其进行切片操作，切成规则的几何体，然后即可划分出高质量的六面体网格。

执行菜单栏中的 Tools(工具)→Freeze(冻结)操作时，选择的体将被冻结，冻结体在树形目录中显示成淡颜色(✓ 🟦)。

当选取冻结体后执行 Tools(工具)→Unfreeze(解除冻结)操作，可以激活被冻结的体。

3. 抑制体

体抑制是 DesignModeler 特有的一种操作，体被抑制后不会显示在图形窗口中，抑制体既不能在其他 Workbench 模块中用于网格划分与分析，也不能导出为 Parasolid(.x_t)或 ANSYS Neutral 文件(.anf)格式。抑制体在设计树中显示为 ✘ 🟦。

如图 4-29 所示，在设计树中选择体并单击鼠标右键，在弹出的快捷菜单中选择 Suppress (抑制体)命令，即可将选择的体抑制。

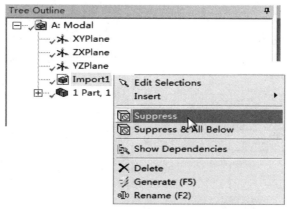

图 4-29 抑制体执行命令

解除抑制的方法与抑制体相同，首先选择需要解除抑制的体，然后单击鼠标右键，在弹出的快捷菜单中选择 Unsuppress(解除抑制体)命令，即可将选择的被抑制的体解除抑制。

4. 面印记

面印记(Imprint Faces)与切片操作类似，是 DesignModeler 操作的特色功能之一。面印记仅用来分割体上的面，根据需要也可以在边线上增加印记(但不创建新体)。

具体来讲，表面印记可以用来在面上划分出适用于施加载荷或约束的位置，如在体的某个面的局部位置添加载荷，此时就需要在施加载荷的位置采用面印记功能添加面印记。

添加面印记的操作步骤如下：

(1) 单击图形选取过滤器工具栏中的(选择面) 按钮，然后在体上选择一个需要添加面印记的面，如图 4-30 所示。

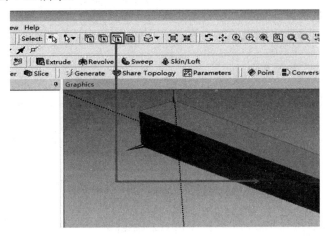

图 4-30　添加面印记

(2) 将模式标签切换到 Sketching(草图)模式，单击图形显示控制工具栏中的 (正视放大)按钮。

(3) 单击 Draw(绘图)面板中的 Rectangle (矩形)按钮，在图形中绘制矩形，单击 Dimensions(尺寸)面板中的 General (基本尺寸)按钮，标注绘制的矩形尺寸，并在参数列表中修改矩形的尺寸为 0.5m，绘制成一个矩形，如图 4-31 所示。

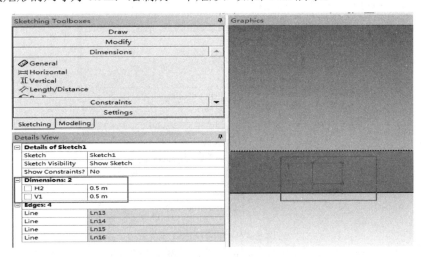

图 4-31　制矩形

(4) 将模式标签切换回 Modeling(模型)模式，单击几何体建模工具栏中的 Extrude(拉伸)按钮，在参数列表栏中的 Operation 选项的下拉列表中选择 Imprint Faces(面印记)选项，如图 4-32 所示。

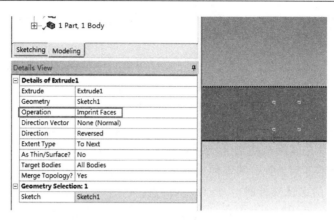

图 4-32 设置选项

(5) 单击工具栏中的 Generate(生成)按钮,此时即可生成表面印记,如图 4-33 所示为选中面后的效果。

图 4-33 选中面后的效果

5. 创建多体部件体

在 ANSYS Workbench 中部件是体的载体,默认情况下 DesignModeler 将每一个体自动放入部件中。在 DesignModeler 中可以将多个体置于部件中构成复合体——多体部件体(Multi-body Parts),此时它们共享拓扑,即离散网格在共享面上匹配。

新部件的构成通常是先在图形屏幕中选定两个或多个体素,然后如图 4-34 所示执行菜单栏中的 Tools(工具)→Form New Part(构成新部件)命令,由三个零件生成一个体,如图 4-35 所示。

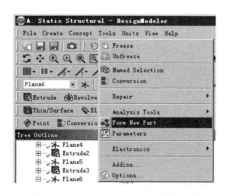

图 4-34 Form New Part 菜单命令

图 4-35 三个零件设计成一个体

注：如果要选择所有的体，可以在图形窗口中单击鼠标右键，在弹出的快捷菜单中选择 Select All(选择所有)命令。

创建多个体、多个部件时，具有以下特点：每个实体都能独立地进行网格划分，但是节点不能共享，对应的节点没有连续性。

多个体通过布尔操作组成一个部件时，具有以下特点：
(1) 几个实体共同作为一个实体进行网格划分，无法真实地模拟实际情况。
(2) 由于多个体之间没有接触区，网格划分后没有内部表面。
(3) 组成一个零件后，所有的零件只能采用一种材料，对于多种材料的部件体不适用。

多个体共同组成多体部件时，具有以下特点：
(1) 每一个实体都独立划分网格，实体间的节点连续性被保留。
(2) 同一个多体部件可以由不同的材料组成。
(3) 实体间的节点能够共享且没有接触。

4.4 导入外部 CAD 文件

虽然大部分用户不熟悉 DesignModeler 的建模命令，但至少能熟练精通其他任一种 CAD 建模软件，在使用 ANSYS Workbench 时，用户可以在自己精通的 CAD 软件系统中创建新的模型，再将其导入 DesignModeler 中即可。

DesignModeler 与当前流行的主流 CAD 软件均能兼容，并能与其协同建模，它不仅能读入外部 CAD 模型，还能嵌入主流 CAD 系统中。

1. 非关联性导入文件

在 DesignModeler 中，选择菜单栏中的 File(文件)→ Import External Geometry File 命令(导入外部几何体文件)，即可导入外部几何体。采用该方法导入的几何体与原先的外部几何体不存在关联性。

DesignModeler 支持导入的第三方模型格式有：ACIS(SAT)、CADNexus/CATIA、IGES、Parasolid、STEP 等。

2. 关联性导入文件

在 DesignModeler 中建立与其他 CAD 建模软件的关联性，即实现二者之间的互相刷新、协同建模，可以提高有限元分析的效率。这就需要将 DesignModeler 嵌入到主流的 CAD 软件系统中，若当前 CAD 已经打开，在 DesignModeler 中输入 CAD 模型后，它们之间将保持双向刷新功能。参数采用的默认格式为 DS_XX 形式。

目前 DesignModeler 支持协同建模的 CAD 软件有：Autodesk Inventor、CoCreate Modeling、Mechanical Desktop、Pro/Engineer、Solid Edge、SolidWorks、UG NX 等。

3. 导入定位

在 DesignModeler 中，CAD 几何模型的导入和关联都是有基准面属性的，导入和关联时需要指定模型的参考面(方向)。在导入操作前，需要从树状视图或者平面下拉列表中选择平面作为参考面。当进行新的导入或关联功能时,激活平面为默认的基准平面。

4. 创建场域几何体

在导入 CAD 文件时,多数情况下导入的是实体模型,在特殊情况下,可能会对实体部件周围或者所包含的区域感兴趣(如流体区域),这样就可以通过对实体部件进行 Taking the Negative 操作,创建相应的流体区域。

通常创建场域几何体有包围(Enclosure)与填充(Fill)两种方法,读者可参考相关资料进行学习。

4.5 概念建模

概念建模(Concept)用于创建、修改线体和面体,并将其变为有限元的梁或板壳模型。可以采用下面的两种方式进行概念建模:

(1) 利用绘图工具箱中的特征创建线或表面体,用来设计 2D 草图或生成 3D 模型。
(2) 利用导入外部几何体文件特征直接创建模型。

DesignModeler 中概念建模菜单已在前面介绍,此处不再叙述。

1. 从点生成线体

在 DesignModeler 中可以从点生成线体(Lines From Points),这些点可以是任何 2D 草图点、3D 模型顶点。

从点生成线体命令中,点分段(Point Segments)通常是一条连接两个选定点的直线。该特征可以产生多个线体,主要由所选点分段的连接性质决定。操作域(Operation)允许在线体中选择添加材料(Add Material)或选择添加冻结(Add Frozen)。

2. 从草图生成线体

从草图生成线体(Lines From Sketches)是基于草图和从表面得到的平面创建线体,多个草图、面以及草图与平面的组合均可作为基准对象来创建线体。

创建时首先在草图中完成 2D 图,然后在特征树形目录中选择创建好的草图或平面,最后在详细列表窗口中单击 Apply 按钮即可。

3. 从边生成线体

从边生成线体(Lines From Edges)是基于已有的 2D 和 3D 模型边界创建线体,根据所选边和面的关联性质可以创建多个线体。该特征适用于从外部导入的 CAD 几何体及 DM 自身创建的几何体。

创建时首先选择边或面,然后在详细列表窗口中单击 Apply 按钮即可创建线体。

4. 定义横截面

通常情况下,梁单元需要定义一个横截面(Cross Section)。在 DesignModeler 中,横截面是作为一种属性赋给线体,这样就可以在有限元仿真中定义梁的属性。如图 4-36 所示为 DesignModeler 中自带的横截面,它们是通过一组尺寸来控制横截面形状的。

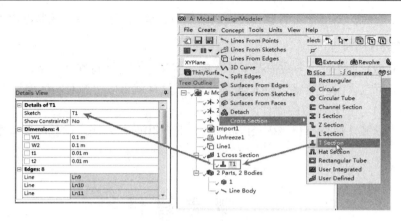

图 4-36 DesignModeler 中自带的横截面

横截面创建好之后，需要将其赋给线体，具体操作为：在树形目录中点亮线体，此时横截面的属性出现在详细列表窗口中，在"Cross Section"下拉列表中选择需要的横截面，如图 4-37 所示。

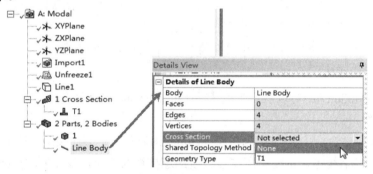

图 4-37 选取横截面

横截面包括以下两种创建方式。

（1）自行定义集成的横截面。在 DesignModeler 中可以自行定义集成的横截面，此时无需画出横截面，只需在详细列表窗口中填写截面的属性即可，如图 4-38 所示。

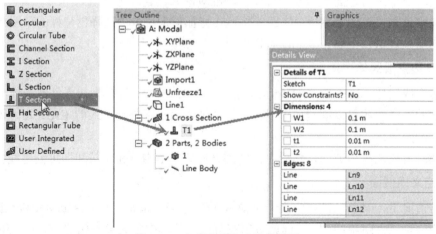

图 4-38 自行定义集成的横截面

（2）创建已定义的横截面。在 DesignModeler 中也可以创建用户已定义的横截面，此时无需画出横截面,只需基于已定义的闭合草图来创建截面的属性。创建用户已定义的横截面的步骤如下:选择菜单栏中的 Concept(概念)→Cross Section(横截面)→User Defined(用户定义)→"UserDef1"命令,此时在图形窗口会出现草图绘制窗口,如图 4-39 所示。

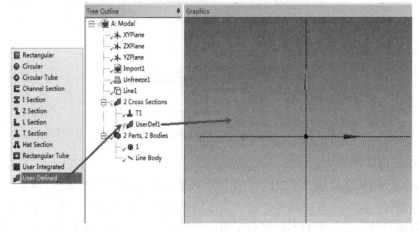

图 4-39 用户定义横截面

横截面的位置设置有如下两种方法:

(1) 对齐横截面。在 DesignModeler 中,横截面默认的对齐方式是全局坐标系的+Y 方向,当该方向导致非法的对齐时,系统将会使用+Z 方向。

在 ANSYS Workbench 中,线体横截面的颜色含义如表 4-2 所示。树形目录中的线体图标含义如表 4-3 所示。

表 4-2 线体颜色含义

线体颜色	含　义
紫色	线体的截面属性未赋值
黑色	线体赋予了截面属性且对齐合法
红色	线体赋予了截面属性但对齐非法

表 4-3 线体图标含义

图标	颜色	含　义
	绿色	有合法对齐的赋值横截面
	黄色	没有赋值横截面或使用默认对齐
	红色	非法的横截面对齐

(2) 偏移横截面。将横截面赋给一个线体后,可以利用详细列表窗口中的属性指定横截面的偏移类型(Offset Type),主要有 Centroid(质心)、Shear Center(剪力中心)、Origin(原点)、User Defined(用户定义)等,如图 4-40 所示。

• Centroid(质心):该选项为默认选项,表示横截面中心和线体质心相重合。

• Shear Center(剪力中心):表示横截面剪切中心和线体中心相重合,剪切中心和质心的图形显示看起来是一样的,但分析时使用的是剪切中心。

• Origin(原点):横截面不偏移,按照其在草图中的样式放置。

- User Defined(用户定义)：用户通过指定横截面 X 方向和 Y 方向上的偏移量来定义偏移量。

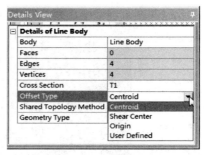

图 4-40　偏移横截面参数

5. 从线生成面体

Surfaces From Edges(从线生成面体)是指用线体边作为边界创建面体，线体边必须设有交叉的闭合回路，每个闭合回路都创建一个冻结表面体，回路应该形成一个可以插入到模型的简单表面形状，这些表面形状包括平面、圆柱面、圆环面、圆锥面、球面和简单扭曲面等。

选择菜单栏中的 Concept(概念)→Surfaces From Edges(从线生成面体)命令，即可从线生成面体，如图 4-41 所示。

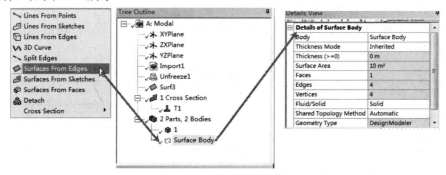

图 4-41　从线生成面体

6. 从草图生成面体

从草图生成面体(Surfaces From Sketches)是指由草图作为边界创建面体，草图可以是单个或多个，但草图不能是自相交叉的闭合剖面。从草图生成面体的操作方法如图 4-42 所示。

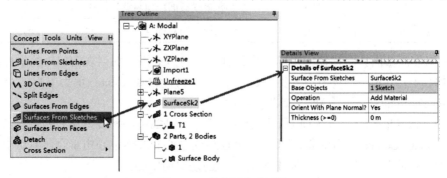

图 4-42　从草图生成面体

7. 从面生成面体

从面生成面体(Surfaces From Faces)是指由面直接创建面体。从面生成面体的操作方法如图 4-43 所示。相关参数的设置这里不再赘述。

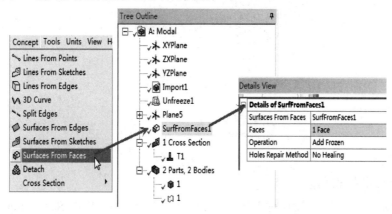

图 4-43 从面生成面体

4.6 创建几何体案例

下面将通过一个简单的零件建模操作，帮助读者巩固前面所讲的在 DesignModeler 中创建草图，由草图生成几何体等内容，且介绍如何通过线创建线体、通过面创建面体等操作。通过本节的学习，读者可以掌握 ANSYS Workbench 17.0 中的基本建模方法。

1. 进入 DesignModeler 界面

(1) 在 Windows 系统下执行"开始"→"所有程序"→ANSYS 17.0→Workbench 17.0 命令，启动 ANSYS Workbench 17.0，进入主界面。

(2) 双击主界面 Toolbox(工具箱)中的 Component Systems→Geometry(几何体)选项，即可在项目管理区创建分析项目 A，如图 4-44 所示。

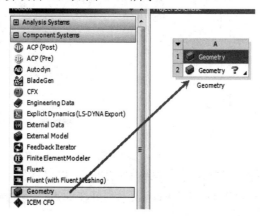

图 4-44 创建分析项目 A

(3) 双击项目 A 中的 A2 栏 Geometry，进入到 DesignModeler 界面，此时即可在 DesignModeler 中创建几何模型。

(4) 在 Geometry 主界面中选择 Units(单位)→Millimeter 命令,设置模型单位,如图 4-45 所示。

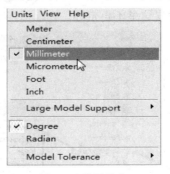

图 4-45 设置单位

2. 绘制零件底部圆盘

(1) 在 DesignModeler 设计树中选择 XYPlane(XY 平面),单击 Sketching(草图)标签,进入到草图绘制环境,即可在 XY 平面上绘制草图。

(2) 单击图形显示控制工具栏中的 (正视放大)按钮,如图 4-46 所示,使草图绘制平面正视前方。

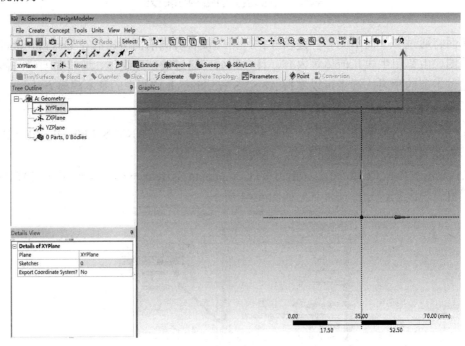

图 4-46 正视草绘平面

(3) 选择 Draw(绘图)面板中的 Circle (圆)命令,以坐标原点为圆心绘制一个圆。

注：鼠标移至坐标原点出现"P"时,表示刚好在原点；移至坐标轴,出现"C"时,表示刚好在坐标轴上

(4) 选择 Dimensions(尺寸)面板中的 General (常规)命令,单击选择圆,尺寸位置为圆标注尺寸,此时圆上显示的为符号标记 D1,修改 D1 为 64mm,如图 4-47 所示。

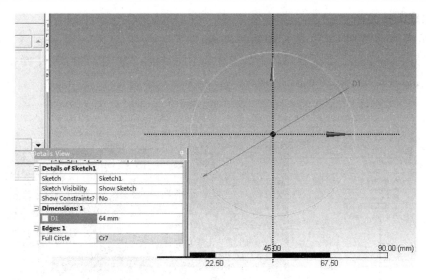

图 4-47 标注圆直径

(5) 单击几何建模工具栏中的 Extrude(拉伸)按钮，在参数列表中设置 Geometry 为 Sketch1，设置"FD1，Depth"为 5mm，如图 4-48 所示。

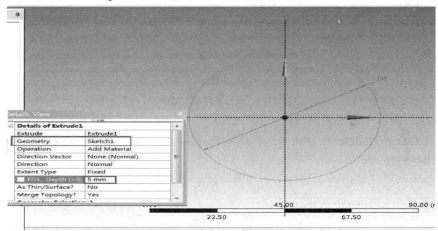

图 4-48 设置圆的拉伸值

(6) 单击工具菜单中 Generate (生成)按钮，即可生成拉伸特征，按住鼠标中键调整视图，得到的拉伸特征效果如图 4-49 所示。

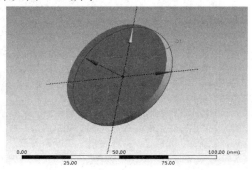

图 4-49 生成底部圆盘

3. 创建圆柱

(1) 单击平面/草图控制工具栏中的创建 ✱ (新平面)按钮创建新平面，在参数列表中，Type 设置为 From Face，并选择零件上表面作为 Bace Face，如图 4-50 所示，单击 `Apply` 按钮完成选择。

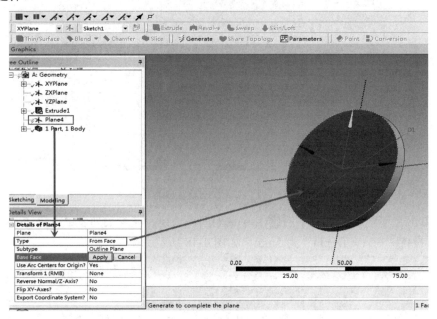

图 4-50　创建新平面

(2) 单击 `Generate` (生成)按钮，生成草图平面。设计树中的 ✱ Plane1 变为 ✱ Plane1，表示草图平面生成成功。

(3) 在 DesignModeler 设计树中选择刚刚创建的草绘平面，单击 Sketching(草图)标签，进入到草图绘制环境。

(4) 单击图形显示控制工具栏中的 ▣ (正视放大)按钮，使草图绘制平面正视前方，方便绘制图形，如图 4-51 所示。

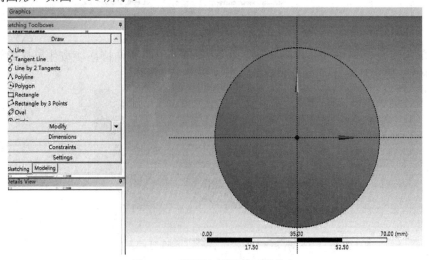

图 4-51　草图绘制平面正视前方

(5) 选择 Draw(绘图)面板中的 Polygon(多边形)命令，设置 n = 6，绘制如图 4-52 所示的六边形。

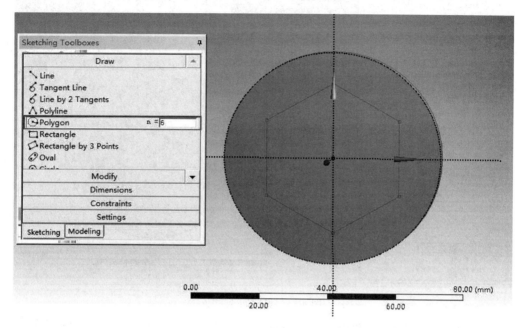

图 4-52 绘制六边形

(6) 选择 Dimensions(尺寸)面板中的 General (常规)命令，单击六边形的一条直线，此时六边形上显示的为符号标记 V2，修改 V2 为 20 mm，如图 4-53 所示。

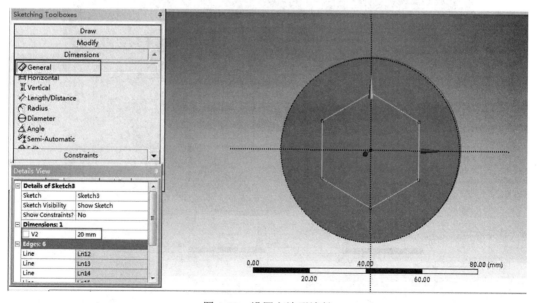

图 4-53 设置六边形边长

(7) 单击几何建模工具栏中的 Extrude (拉伸)按钮，在参数列表中设置 Sketch 为 Sketch3，设置"Operation"为 Cut Material，即切除材料，设置"FD1，Depth"为 5 mm，如图 4-54 所示。

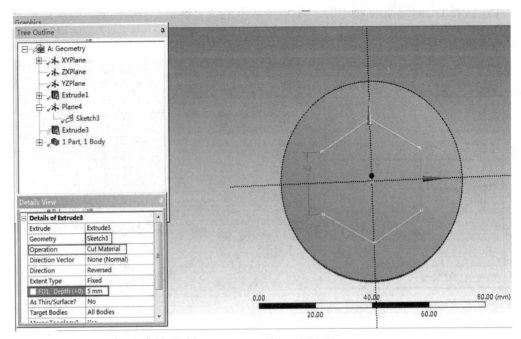

图 4-54 设置切除参数

(8) 单击工具菜单中 Generate (生成)按钮，即可生成切除特征，按住鼠标中键调整视图，得到的切除特征效果如图 4-55 所示。

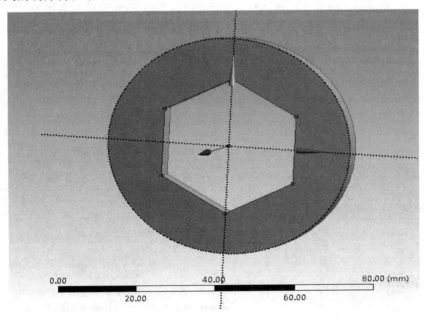

图 4-55 切除特征

4. 生成线体

(1) 选择菜单栏中的 Concept(概念)→Lines From Edges(边生成线体)命令，执行从边生成线体命令。

(2) 单击鼠标选择如图 4-56 所示的圆边,在参数设置列表中单击 Apply 按钮,此时选中的边线呈绿色显示。

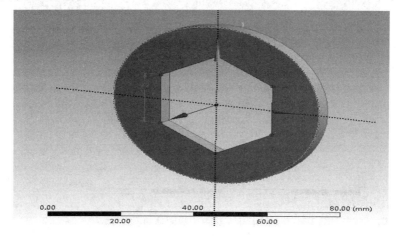

图 4-56 选中生成线体的边线

(3) 单击 Generate(生成)按钮,生成线体。设计树中的 Line1 变为 Line1,线体显示为黑色,表示线体生成成功。此时设计树中即包含了刚刚创建的线体,如图 4-57 所示。

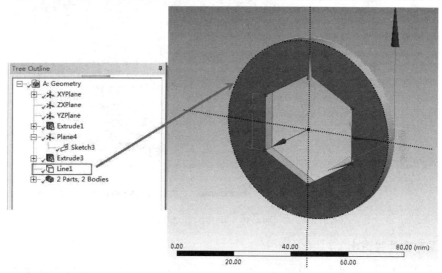

图 4-57 生成的线体

5. 生成面体

(1) 选择菜单栏中的 Concept(概念)→Surfaces From Faces 命令(通过面生成面体),执行通过面生成面体命令。

(2) 单击鼠标选择如图 4-58 所示的面,此时选中的面呈绿色显示,在参数设置列表中单击 Apply 按钮。

(3) 单击 Generate(生成)按钮,生成面体。设计树中的 SurfFromFaces1 变为 SurfFromFaces1,表示面体生成成功。此时设计树中即包含了刚刚创建的面体,如图 4-59 所示。

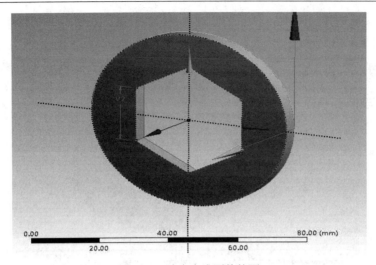

图 4-58 选中生成面体的面

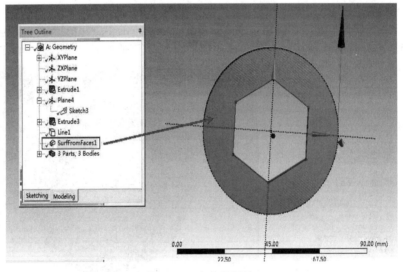

图 4-59 生成的面体

6. 保存文件并退出

(1) 单击 DesignModeler 界面右上角的 ❎ (关闭)按钮，退出 DesignModeler 返回到 Workbench 主界面。

(2) 在 Workbench 主界面中单击菜单栏中的 Save As 命令，命名为 Jihejianmo。

(3) 单击右上角的 ❎ (关闭)按钮，退出 Workbench 主界面，即可完成模型的创建。

第 5 章 网 格 划 分

【学习目标】
- 掌握 Meching 网格划分方法;
- 熟悉 Meching 网格划分质量的好坏判断;
- 了解不同 Meching 网格划分方法的适用类型。

几何模型创建完毕后,需要对其进行网格划分以便生成包含节点和单元的有限元模型。有限元分析离不开网格的划分,网格划分的好坏将直接关系到求解的准确度以及求解的速度。网格划分在 ANSYS Workbench 17.0 中是一个独立的工作平台,可以为 ANSYS 不同的求解器提供对应的网格文件。

网格划分的目的是将 CFD(流体)和 FEA(结构)模型离散化,把求解域分解成可得到精确解的适当数量的单元。

5.1 网格划分平台

ANSYS Workbench 17.0 中提供 ANSYS Meshing 应用程序(网格划分平台)的目标是实现通用的网格划分格局。网格划分工具包括 FEA 仿真和 CFD 分析,它们可以在任何分析类型中使用。

- FEA 仿真:包括结构动力学分析、显示动力学分析(AUTODYN、ANSYS LS/DYNA)、电磁场分析等。
- CFD 分析:包括 ANSYS CFX、ANSYS FLUENT 等。

1. Meshing 操作环境介绍

ANSYS Meshing 主界面如图 5-1 所示,它由菜单栏、工具栏、模型树、详细设置窗口等组成。

这里仅对菜单栏中的 Edit 和 View 命令进行介绍,其他的内容会在后面内容中讲解。

1) Edit(编辑)菜单

图 5-2 所示为 Edit(编辑)菜单,Edit 菜单中包含操作工程结果数据的一系列命令,包括复制、不带结果文件的复制、拷贝、剪切、粘贴、删除及选择所有共 7 个子菜单。下面对 Edit(编辑)菜单中的各个命令进行简单介绍。

Edit 菜单只有当一个工程仿真计算完成后(即存在后处理操作)才会显示,如果为完成一个完整的工程数据计算,则 Edit 菜单为灰色不可选择状态。

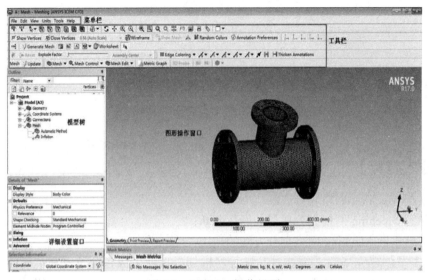

图 5-1　Meshing 操作界面

- Duplicate(复制)：单击此命令后，会将已经计算完成的后处理的数值结果完整复制一份，其名称会自动在后面添加一位数字，如图 5-3 所示。

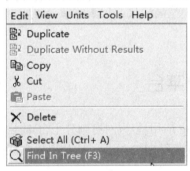
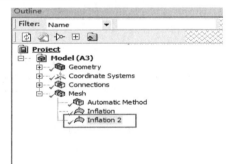

图 5-2　Edit 菜单　　　　　　　　图 5- 3　Duplicate 命令

- Duplicate Without Results (不带结果文件的复制)：单击此命令后，会将选中已经计算完成的后处理命令复制一份，此时需要用户单击 Solve 按钮进行后处理计算，其名称会自动在后面添加一位数字，如图 5-4 所示。

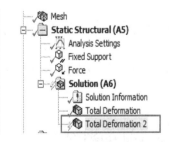

图 5-4　Duplicate Without Results 命令

- Copy(拷贝)：与 Paste(粘贴)命令配合使用。选择一个后处理操作后单击 Copy 令，再单击下面的 Paste 命令，此时在后处理操作中会复制选中的后处理操作。
- Cut(剪切)：与 Paste(粘贴)命令配合使用。选择一个后处理操作后单击 Cut 命令，再单击下面的 Paste 命令,此时在后处理操作中会剪切掉选中的后处理操作,然后再次粘贴一个同样的后处理操作。

- Delete(删除):单击此命令后,选中的后处理命令将被删除。
- Select All(选择所有):单击此命令后,将选择所有实体。

2) View 菜单

View 菜单中包含了各种图形显示命令,如图 5-5 所示。

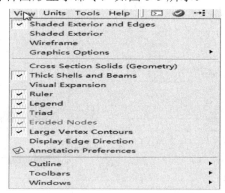

图 5-5 View 菜单

2. 网格划分特点

在 ANSYS Workbench 中进行网格划分,具有以下特点:

(1) ANSYS 网格划分的应用程序采用的是 Divide & Conquer(分解克服)方法。

(2) 几何体的各部件可以使用不同的网格划分方法,亦即不同部件的体网格可以不匹配或不一致。

(3) 所有网格数据需要写入共同的中心数据库。

(4) 3D 和 2D 几何体拥有各种不同的网格划分方法。

3. 网格划分方法

在几何体的不同部位可以运用 ANSYS Workbench 17.0 中提供的不同网格划分法。

1) 三维几何体划分

对于三维几何体,有如图 5-6 所示几种不同的网格划分方法。

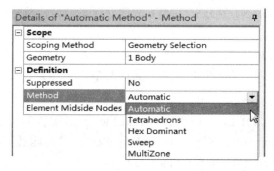

图 5-6 3D 几何体的网格划分法

(1) 自动划分法(Automatic)。自动设置四面体或扫掠网格划分,如果体是可扫掠的,则体将被扫掠划分网格,否则将使用 Tetrahedrons 下的 Patch Conforming 网格划分器来划分网格。同一部件的体具有一致的网格单元。

(2) 四面体划分法(Tetrahedrons)。四面体划分法包括 Patch Conforming 划分法(Workbench 自带功能)及 Patch Independent 划分法(依靠 ICEM CFD Tetra Algorithm 软件包实现)。四面体划分法的参数设置如图 5-7 所示。

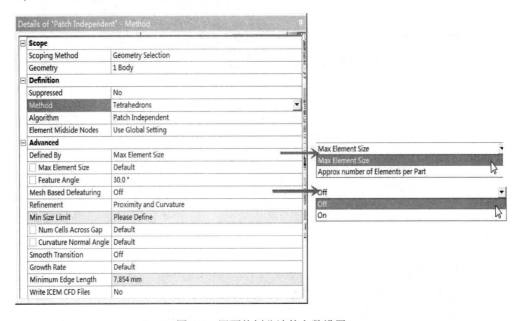

图 5-7 四面体划分法的参数设置

Patch Independent 网格划分时可能会忽略面及其边界，若在面上施加了边界条件，便不能忽略。它有两种定义方法：Max Element Size，用于控制初始单元划分的大小；Approx number of Elements per Part，用于控制模型中期望的单元数目(可以被其他网格划分控制覆盖)。

当 Mesh Based Defeaturing 设为 ON，并且在 Defeaturing Tolerance 选项中设置某一数值时，程序会根据大小和角度过滤掉几何边。

(3) 六面体主导法(Hex Dominant)。首先生成四边形主导的面网格，然后得到六面体，最后根据需要填充棱锥和四面体单元。该方法适用于不可扫掠的体或内部容积大的体，而对体积和表面积比较小的薄复杂体、CFD 无边界层的识别无用。

(4) 扫掠划分法(Sweep)。通过扫掠的方法进行网格划分，网格多是六面体单元，也可能是楔形体单元。

(5) 多区划分法(MultiZone)。多区及扫掠划分网格是一种自动几何分解方法。使用扫掠方法时，元件要被切成三个体来得到纯六面体网格。

2) 面体或壳二维几何划分

对于面体或壳二维(2D)几何，ANSYS Workbench 17.0 提供的网格划分方法包括：四边形单元主导(Quad Dominant)、三角形单元(Triangles)、均匀四边形/三角形单元(Uniform Quad/Tri)和均匀四边形单元(Uniform Quad)。

4．网格划分技巧

不同的软件平台，网格的划分技巧也是不同的。

1) ANSYS Workbench 网格平台的划分技巧

(1) 结构网格的划分技巧：

① 可以通过细化网格来捕捉所关心部位的梯度(包括温度、应变能、应力能、位移等)。

② 结构网格大部分可划分为四面体网格，但首选网格是六面体单元。

③ 有些显式有限元求解器需要六面体网格。

④ 结构网格的四面体单元通常是二阶的(单元边上包含中节点)。

(2) CFD 网格的划分技巧：

① 可以通过细化网格来捕捉关心的梯度(包括速度、压力、温度等)。

② 网格的质量和平滑度对结果的精确度至关重要(提高网格质量和平滑度会导致较大的网格数量，通常以数百万单元计算)。

③ 大部分可划分为四面体网格，但首选网格是六面体单元。

④ CFD 网格的四面体单元通常是一阶的(单元边上不包含中节点)。

2) 网格划分的注意事项

(1) 网格划分时需要注意细节，几何细节是和物理分析息息相关的，不必要的细节会大大增加分析需求。

(2) 需要注意网格细化，复杂应力区域等需要较高密度的网格。

(3) 需要注意效率，大量的单元需要更多的计算资源(内存、运行时间)，网格划分时需要在分析精度和资源使用方面进行权衡。

(4) 需要注意网格质量，在网格划分时，复杂几何区域的网格单元会变扭曲，由此导致网格质量降低，劣质的单元会导致较差的结果，甚至在某些情况下得不到结果。在 ANSYS Workbench 17.0 中有很多方法可用来检查单元网格的质量。

5. 网格划分流程

在 ANSYS Workbench 17.0 中，网格的划分流程如下：

(1) 设置划分网格目标的物理环境。

(2) 设定网格的划分方法。

(3) 设置网格参数(尺寸、控制、膨胀等)。

(4) 创建命名选项。

(5) 预览网格并进行必要的调整。

(6) 生成网格。

(7) 检查生成的网格质量。

(8) 准备分析网格。

6. 网格尺寸策略

不同类型的分析系统，网格尺寸的控制策略也不同，下面简单介绍力学分析及 CFD 分析的网格尺寸策略。

1) 力学分析网格尺寸策略

(1) 利用最小输入的有效方法来解决关键的特征。

(2) 定义或接受少数全局网格尺寸并设置默认值。

(3) 利用 Relevance 和 Relevance Center 进行全局网格调整。

(4) 根据需要可对体、面、边、影响球定义尺寸，可以对网格生成的尺寸施加更多的控制。

2) CFD 分析网格尺寸策略

(1) 在必要的区域依靠 Advanced Size Functions(高级尺寸功能)细化网格，其中默认为 Curvature，根据需要可以选择 Proximity。

(2) 识别模型的最小特征：设置能有效识别特征的最小尺寸；如果网格过于细化，则需要在最小尺寸下作用一个硬尺寸；可以使用收缩控制来去除小边和面，以确保收缩容差小于局部最小尺寸。

(3) 根据需要可以对体、面、边或影响球定义软尺寸，可以对网格生成的尺寸设置更多的控制。

5.2 3D 几何网格划分

所有的 3D 网格划分方法都要求组成的几何为实体,若输入的是由面体组成的几何体，则需要额外操作，将其转换为 3D 实体方可进行 3D 网格划分，当然表面体仍可以由表面网格划分法来划分。常见的 3D 网格基本形状如图 5-8 所示。

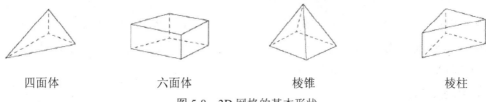

四面体　　　　　　六面体　　　　　　棱锥　　　　　　棱柱

图 5-8　3D 网格的基本形状

其中四面体为非结构化网格，六面体通常为结构化网格，棱锥为四面体和六面体之间的过渡网格，棱柱由四面体网格被拉伸时生成。四面体网格划分在三维网格划分中是最简单的，因此本节将着重介绍四面体网格。

1. 四面体网格的优点和缺点

四面体网格具有鲜明的优点和缺点。

- 优点：可以施加于任何几何体，可以快速、自动生成；在关键区域容易使用曲度和近似尺寸功能自动细化网格；可以使用膨胀细化实体边界附近的网格(即边界层识别)，边界层有助于面法向网格的细化，但在 2D(表面网格)中仍是等向的；为捕捉一个方向的梯度，网格在所有的三个方向细化，即等向细化。

- 缺点：在近似网格密度情况下，单元和节点数高于六面体网格；网格一般不可能在一个方向排列；由于几何和单元性能的非均质性，故而不适合于薄实体或环形体；在使用等向细化时网格数量急剧上升。

2. 四面体网格划分时的常用参数

网格质量是指网格几何形状的合理性。网格质量的好坏将影响计算精度的高低。质量太差的网格甚至会中止计算。直观上看，网格各边或各个内角相差不大、网格面不过分扭曲、边节点位于边界等分点附近的网格质量较好。网格质量可用细长比、锥度比、内角、翘曲量、拉伸值、边节点位置偏差等指标度量。划分网格时一般要求网格质量能达到某些指标要求。在重点研究的结构关键部位，应保证划分高质量网格，即使是个别质量很差的网格也会引起很大的局部误差；而在结构次要部位，网格质量可适当降低。当模型中存在质量很差的网格(称为畸形网格)时，计算过程将无法进行。网格分界面和分界点，结构中的一些特殊界面和特殊点应分为网格边界或节点以便定义材料特性、物理特性、载荷和位移约束条件。即应使网格形式满足边界条件的特点，而不应让边界条件来适应网格。常见的特殊界面和特殊点有材料分界面、几何尺寸突变面、分布载荷分界线(点)、集中载荷作用点和位移约束作用点等。

单元的质量和数量对求解结果和求解过程影响较大，如果结构单元全部由等边三角形、正方形、正四面体、立方六面体等单元构成，则求解精度可接近实际值，但由于这种理想情况在实际工程结构中很难做到，因此根据模型的不同特征设计不同形状种类的网格，有助于改善网格的质量和求解精度。单元质量评价一般可采用以下几个参数：

(1) 单元的边长比、面积比或体积比：以正三角形、正四面体、正六面体为参考基准。理想单元的边长比为1，对线性单元可接受的边长比范围小于3，二次单元小于10。对于同形态的单元，线性单元对边长比的敏感性较高阶单元高，非线性比线性分析更敏感。

(2) 扭曲度：单元面内的扭转和面外的翘曲程度。

(3) 疏密过渡：网格的疏密主要表现为应力梯度方向和横向过渡情况，应力集中的情况应妥善处理，而对于分析影响较小的局部特征应分析其情况，如外圆角的影响比内圆角的影响小得多。

(4) 节点编号排布：节点编号对于求解过程中的总体刚度矩阵的元素分布、分析耗时、内存及空间有一定的影响。合理的节点、单元编号有助于利用刚度矩阵对称、带状分布、稀疏矩阵等方法提高求解效率，同时要注意消除重复的节点和单元。

(5) 位移协调性：位移协调是指单元上的力和力矩能够通过节点传递相邻单元。为保证位移协调，一个单元的节点必须同时也是相邻单元的节点，而不应是内点或边界点。相邻单元的共有节点具有相同的自由度性质，否则，单元之间须用多点约束等式或约束单元进行约束处理。

3. 四面体算法

在 ANSYS Workbench 17.0 网格划分平台下，有两种算法可以生成四面体网格，而且这两种算法均可用于 CFD 的边界层识别。

1) Patch Conforming

首先利用几何所有面和边的 Delaunay 或 Advancing Front 表面网格划分器生成表面网格，然后基于 TGRID Tetra 算法由表面网格生成体网格。

注：生成体网格的一些内在缺陷应在最小尺寸限度之下。

Patch Conforming 算法包含膨胀因子的设定，用于控制四面体边界尺寸的内部增长率、CFD 的膨胀层或边界层识别，可与体扫掠法混合使用产生一致的网格。

利用 Patch Conforming 生成四面体网格的操作步骤如下：

(1) 右击 Mesh，如图 5-9 所示，在弹出的快捷菜单中选择 Insert(插入)→Method(方法)命令，或者如图 5-10 所示选择 Mesh Control(网格控制)→Method(方法)命令。

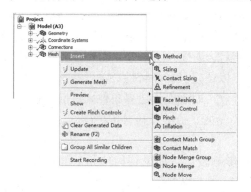 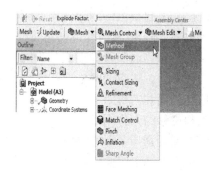

图 5-9　快捷菜单　　　　　　　　　　图 5-10　工具栏命令

(2) 在网格参数设置栏中选择 Scope→Geometry 选项，在图形区域选择应用该方法的体，单击 Apply (应用)按钮，如图 5-11 所示。

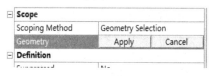

图 5-11　Geometry 设置

(3) 将 Definition 栏的 Method 设置为 Tetrahedrons，如图 5-12 所示，将 Algorithm 设置为 Patch Conforming，如图 5-13 所示，即可使用 Patch Conforming 算法划分四面体网格。

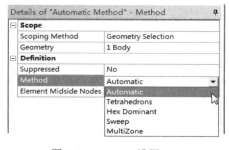 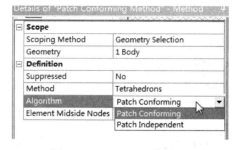

图 5-12　Method 设置　　　　　　　　图 5-13　Algorithm 设置

注：多体部件可混合使用 Patch Conforming 四面体和扫掠方法生成共形网格，Patch Conforming 方法可以联合 Pinch Controls 功能，有助于移除短边。

2) Patch Independent

Patch Independent 算法用于生成体网格并映射到表面产生表面网格，如果没有载荷、边界条件或其他作用，则面和它们的边界(边和顶点)无需考虑。该算法是基于 ICEM CFD Tetra 的，Tetra 部分具有膨胀应用。

Patch Independent 四面体的操作步骤与 Patch Conforming 相同，只是在设置 Algorithm 时选择 Patch Independent 即可。

注：Patch Independent 对 CAD 许多面的修补均有用，包括碎面、短边、较差的面参数等。在没有载荷或命名选项的情况下，面和边无需考虑。

4. 四面体膨胀

四面体膨胀的基本设置包括膨胀选项、前处理和后处理膨胀算法等，具体在后面的章节中介绍，这里不再赘述。

5.3 网格参数设置

在利用 ANSYS Workbench 进行网格划分时，可以使用默认的设置，但要进行高质量的网格划分，还需要用户对网格的详细参数进行设置，尤其是对于复杂的零部件。

网格参数是在参数设置区进行设置的，同时该区还显示了网格划分后的详细信息。参数设置区包含了 Defaults(缺省设置)、Sizing(尺寸控制)、Inflation(膨胀控制)、Advanced(高级控制)、Defeaturing(损伤设置)、Statistics(网格信息)等信息，如图 5-14 所示。

划分网格目标的物理环境包括结构分析(Mechanical)、电磁分析(Electromagnetics)、流体分析(CFD)、显示动力学分析(Explicit)等，如图 5-15 所示。设置完成后会自动生成相关物理环境的网格(如 Mechanical、FLUENT、CFX 等)。

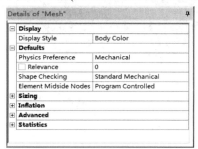 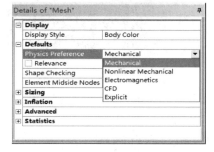

图 5-14 网格参数设置　　　　　　　　图 5-15 目标物理环境

在划分网格时，不同的分析类型有不同的网格划分要求，结构分析使用高阶单元划分较为粗糙的网格，CFD 要求使用好的、平滑过渡的网格、边界层转化，不同的 CFD 求解器也有不同的要求，如表 5-1 所示。在网格划分的物理环境设置完成之后，需要设定物理优先项，划分后的网格如图 5-16～图 5-19 所示。

表 5-1 不同的物理环境在缺省设置下的网格特点

Physics Preference (物理优先项)	自动设置下列各项				备注
	Relevance Center (关联中心缺省值)	Smoothing (平滑度)	Transition (过渡)	Element Midside Nodes (实体单元默认中节点)	
Mechanical (力学分析)	Coarse(粗糙)	Medium (中等)	Fast(快)	Program Controlled(程序控制)	图 5-16
CFD (计算流体力学分析)	Coarse(粗糙)	Medium (中等)	Slow(慢)	Dropped(消除)	图 5-17
Electromagnetics (电磁分析)	Medium(中等)	Medium (中等)	Fast(快)	Kept(保留)	图 5-18
Explicit(显示分析)	Medium(中等)	High(高)	Slow(慢)	Dropped(消除)	图 5-19

图 5-16　Mechanical 默认网格

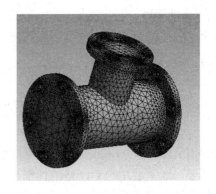
图 5-17　CFD 默认网格

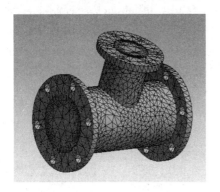
图 5-18　Electromagnetics 默认网格

图 5-19　Explicit 默认网格

5.3.1　缺省参数设置

关于缺省参数的设置(Defaults)在前面已经介绍过了，这里仅介绍 Relevance(相关性)及 Relevance Center(关联中心)两个选项，如图 5-20 所示。虽然 Relevance Center 是在尺寸参数控制选项里设置的，但由于 Relevance 需要与其配合使用，故在此一起介绍。

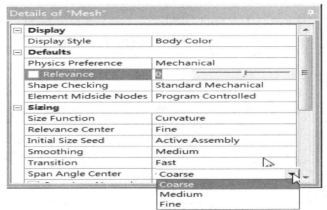
图 5-20　缺省参数设置

Relevance(相关性)是通过拖动滑块来实现网格细化或粗糙控制的，而 Relevance Center(关联中心)由 Coarse、Medium、Fine 三个选项进行选择控制，效果如图 5-21 所示。

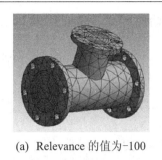  

(a) Relevance 的值为-100　　　(b) Relevance 的值为 0　　　(c) Relevance 的值为 100

(d) Relevance Center 为 Coarse　　(e) Relevance Center 为 Medium　　(f) Relevance Center 为 Fine

图 5-21　Relevance 及 Relevance Center 参数设置效果

5.3.2　尺寸控制

1. 尺寸参数设置

尺寸控制(Sizing)是在参数设置区进行设定的，尺寸控制包含的选项如图 5-22 所示。

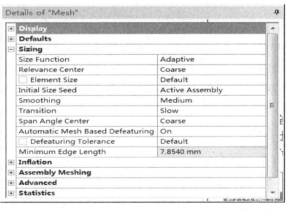

图 5-22　尺寸控制参数设置

Element Size(单元尺寸)：用来设置整个模型使用的单元尺寸。该尺寸将应用到所有的边、面和体的划分中。当在 Sizing 面板的 Size Function 下选用高级尺寸功能时，该选项将不会出现。

注：缺省值是基于 Relevance 和 Initial Size Seed(初始尺寸种子)的，在 Element Size 中可输入网格划分时需要的值，用于提高网格质量。

Initial Size Seed(初始尺寸种子)：用来控制每一部件的初始网格种子，此时已定义单元的尺寸会被忽略，它包含 Active Assembly、Full Assembly、Part 三个选项。

- Active Assembly(有效组件)：该选项为默认选项，初始种子放入未抑制部件，网格可以改变。
- Full Assembly(整个组件)：选择该设置时，不考虑抑制部件的数量，初始种子放入所有装配部件。由于抑制部件的存在，网格不会改变。
- Part(部件)：选择该设置时，初始种子在网格划分时放入个别特殊部件。由于抑制部件的存在，网格不会改变。

Smoothing (平滑)：通过移动周围节点和单元的节点位置来改进网格质量，包含 Low、Medium、High 三个选项可供选择。

Transition (过渡)：用于控制邻近单元增长比，包含 Fast、Slow 两个选项可供选择。通常情况下 CFD、Explicit 分析需要缓慢产生网格过渡，Mechanical、Electromagetics 需要快速产生网格过渡。

Span Angle Center(跨度中心角)：用来设定基于边细化的曲度目标。控制网格在弯曲区域细分，直到单独单元跨越这个角，包含 Coarse(粗糙：60°～91°)、Medium(中等：24°～75°)、Fine(细化：12°～36°)三个选项可供选择。

Automatic Mesh Based Defeaturing(自动清除特征容差)：可以自动清除容差范围内的小特征。

Minimum Edge Length(最小边长)：网格所有边长落在最小边长之外。

2. 高级尺寸控制

在无高级尺寸功能时，可根据已定义的单元尺寸对边划分网格；而在有高级尺寸控制时，Curvature 和 Proximity 可以对网格进行细化，对缺陷和收缩控制进行调整，然后通过面和体网格划分器进行网格划分。

高级尺寸控制是通过在 Sizing 面板的 Use Advanced Size Function 进行开启控制的，高级尺寸功能包括 Proximity and Curvature(近似和曲度)、Curvature(曲度)、Proximity(近似)以及 Uniform(固定)4 个选项，如图 5-23 所示。选择不同的选项时参数设置也会不同，如图 5-24 所示为选择 Proximity and Curvature 时的参数设置列表，如图 5-25 所示为选择 Uniform 时的参数设置列表。

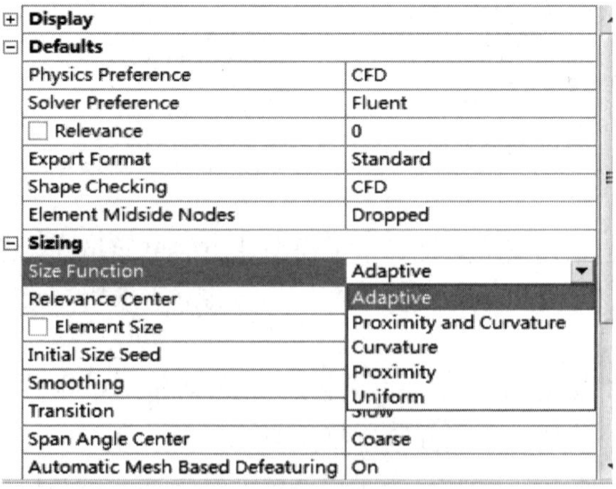

图 5-23 高级尺寸功能

第 5 章 网 格 划 分

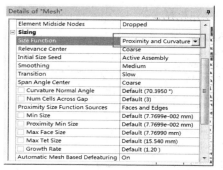

图 5-24 Proximity and Curvature 参数设置列表

图 5-25 Uniform 参数设置列表

注：Curvature(曲度)的默认值为 18°；Proximity(近似)为每个间隙三个单元(2D 和 3D)，默认精度为 0.5，若不允许会增大到 1。

3. 局部尺寸控制

根据所使用的网格划分方法，可用到的局部网格控制的尺寸包括 Method(方法)、Sizing(尺寸)、Contact Sizing(接触尺寸)、Refinement(细化)、Mapped Face Meshing(映射面划分)、Match Control(匹配控制)、Pinch(收缩)及 Inflation(膨胀)等。

插入局部尺寸的方法有两种：

(1) 通过 Mesh 快捷菜单插入局部尺寸控制，如图 5-9 所示；(2) 通过 Mesh 工具栏插入，如图 5-10 所示。

插入局部尺寸后，在参数设置栏的 Defination(定义)→Type 中默认会出现 Element Size(单元尺寸)选项，如图 5-26 所示，该选项可以定义体、面、边或顶点的平均单元边长。当 Type(类型)选择 Sphere of Influence(球体内)时可以设定平均单元尺寸，如图 5-27 所示。

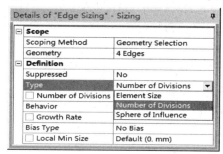

图 5-26 默认参数设置

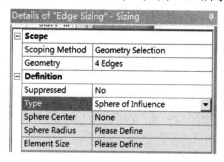

图 5-27 选择 Sphere of Influence

5.3.3 膨胀控制

膨胀控制(Inflation)是通过边界法向挤压面边界网格转化实现的，主要应用于 CFD(计算流体力学)分析中，以处理边界层处的网格，实现从膨胀层到内部网格的平滑过渡，其中包括纯六面体及楔形体等。这并不表示膨胀控制只能应用于 CFD，在固体力学的 FEM 分析中，亦可应用 Inflation 法来处理网格。

1. 膨胀选项

Inflation Option(膨胀选项)包括 Smooth Transition(平滑过渡)、Total Thickness(总厚度)、

First Layer Thickness(第一层厚度)等选项，如图 5-28 所示。

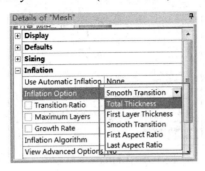 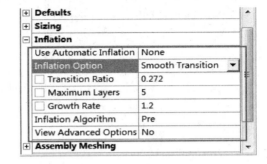

图 5-28　膨胀选项　　　　　　　图 5-29　Smooth Transition 默认选项

(1) Smooth Transition(平滑过渡)为默认选项，如图 5-29 所示，表示使用局部四面体单元尺寸计算每个局部的初始高度和总高度，以达到平滑的体积变化比。每个膨胀的三角形都有一个关于面积计算的初始高度，在节点处平均。这意味着对于均匀网格，初始高度大致相同，而对于变化网格，初始高度是不同的。

选择 Smooth Transition 时，Transition Ratio(过渡比)选项会出现，用于设置膨胀的最后单元层和四面体区域第一单元层间的体尺寸改变。

注：当求解器设置为 CFX 时，过渡比的默认体为 0.77，对于其他物理选项(包括 Solver Preference 设置为 Fluent 的 CFD)，过渡比的默认值为 0.272。这是因为 Fluent 求解器是以单元为中心的，其网格单元等于求解器单元，而 CFX 求解器是以顶点为中心的，求解器单元是由双重节点网格构造的，因此会发生不同的处理。

(2) Total Thickness(总厚度)用来创建常膨胀层，其参数如图 5-30 所示。可用 Number of Layers 的值和 Growth Rate 来控制，以获得 Maximum Thickness 值控制的总厚度。不同于 Smooth Transition 选项的膨胀，Total Thickness 选项的第一膨胀层和下列每一层的厚度都是常量。

(3) First Layer Thickness(第一层厚度)用来创建常膨胀层，其参数如图 5-31 所示。可使用 First Layer Height、Maximum Layers 和 Growth Rate 控制生成膨胀网格。不同于 Smooth Transition 选项的膨胀，First Layer Thickness 选项的第一膨胀层和下列每一层的厚度都是常量。

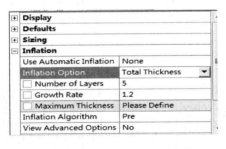 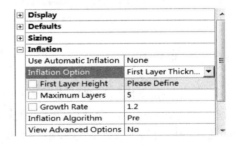

图 5-30　Total Thickness 选项　　　　　　　图 5-31　First Layer Thickness 选项

2. 膨胀运算法则

膨胀运算法则(Inflation Algorithm)包括 Pre(前处理)、Post(后处理)两个选项，如图 5-32

所示，各选项的使用方法如下：

(1) Pre(前处理)：属于 TGrid 算法，该算法是所有物理类型的默认设置，运算时首先进行表面网格膨胀，然后生成体网格。前处理可以应用于扫掠和 2D 网格划分，但不支持邻近面设置不同的层数。

(2) Post(后处理)：属于 ICEM CFD 算法，该算法是使用一种在四面体网格生成后作用的处理技术，只对 Patching Conforming 和 Patch Independent 四面体网格有效。

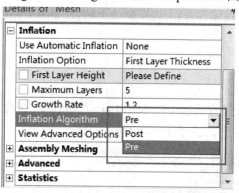

图 5-32　膨胀运算法则

5.3.4　高级设置

在 Details of Mesh 可以进行网格的高级(Advanced)设置，如图 5-33 所示。

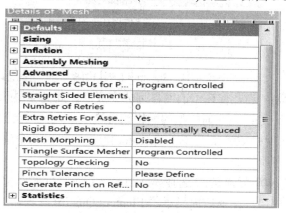

图 5-33　Advanced 选项

(1) Number of CPUs for Parallel Part Meshing(网格划分使用的 CPU 数量)：可以设定网格划分使用的 CPU 数量，设定多个 CPU 处理，能提高网格的质量。其默认设置为程序控制，值可以在 0～256 之间设定。此功能仅适用于 64 位的 Windows 操作系统。

(2) Straight Sided Elements(直边单元)：当模型由 DesignModeler 得到时，此项就会显示。电磁场分析时必须要选用。

(3) Number of Retries(重试次数)：设置网格划分失败时重新划分的次数。

(4) Extra Retries For Assembly(对于装配体重试次数)：当网格划分对象为装配体时，网格生成失败，是否要重新划分。此选项只在尺寸(Size)设置为 Adaptive 时可用。

(5) Rigid Body Behavior(刚体选项)：设置网格划分方法为一种类型，而不是多种方法拼凑的。

(6) Mesh Morphing(网格变形)：设置是否允许网格变形。

(7) Triangle Surface Mesher(三角形网格)：设置在修改网格时是否可以用三角形网格。

(8) Topology Checking(拓扑检查)：检查网格时是否使用 Patch Independent 算法和 MultiZone 方法。

(9) Pinch Tolerance(收缩容差)：设置删除小特征(如小边、狭窄的区域)，以便生成更好的网格。

5.3.5 网格信息

网格信息可以由参数设置面板中的 Statistics (统计)进行查看，也可以查看网格统计及网格划分的质量。图 5-34 所示为 Statistics (统计)面板。

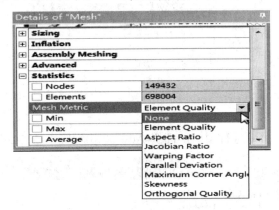

图 5-34 Statistics (统计)面板

(1) Nodes(节点数)：当几何模型的网格划分完成后，此处会显示节点数量。

(2) Elements(单元数)：当几何模型的网格划分完成后，此处会显示单元数量。

(3) Mesh Metric(网格质量)：默认为无(None)，用户可以从中选择相应的网格质量检查工具来检查划分网格质量的好坏。

① Element Quality(单元质量)：选择单元质量选项后，此时在信息栏中会出现图 5-35 所示的 Mesh Metrics 窗口，在窗口内显示了 Element Quality 图表。

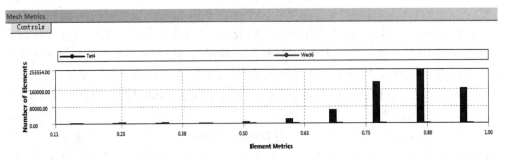

图 5-35 Element Quality 图表

图中,横坐标由 0 到 1,网格质量由坏到好,衡量准则为网格的边长比;纵坐标显示的是网格数量,网格数量与矩形条成正比;Element Quality 图表中的值越接近 1,说明网格质量越好。

单击 Element Quality 图表中的 Control 按钮,此时弹出图 5-36 所示的单元质量控制图表,在图表中可以进行单元数及最大最小单元的设置。

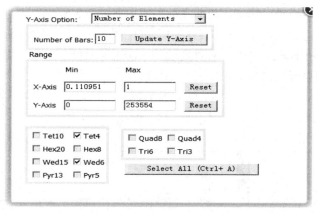

图 5-36　单元质量控制图表

② Aspect Ratio(网格宽高比):选择此选项后,此时在信息栏中会出现图 5-37 所示的 Mesh Metrics 窗口,在窗口内显示了 Aspect Ratio 图表。横坐标值接于 1 说明说明划分的网格质量越好。

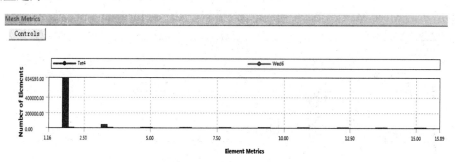

图 5-37　Aspect Ratio 图表

③ Jacobian Ratio(雅可比比率):雅可比比率适应性较广,一般用于处理带有中节点的单元。选择此选项后,在信息栏中会出现图 5-38 所示的 Mesh Metrics 窗口,在窗口内显示了 Jacobian Ratio 图表。

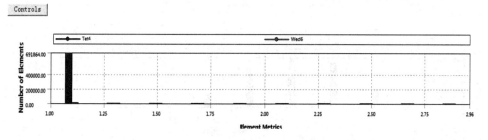

图 5-38　Jacobian Ratio 图表

Jacobian Ratio 是按以下计算法则得到的:

计算单元内样本点雅可比矩阵的行列式值,雅可比值是样本点中行列式最大值与最小值的比值;若两者正负号不同,雅可比值将为-100,此时该单元不可接受。雅可比值越接近于 1,则网格质量越好。

④ Warping Factor(扭曲系数):用于计算或者评估四边形壳单元、含有四边形面的块单元楔形单元及金字塔单元等。高扭曲系数表明单元控制方程不能很好地控制单元,需要重新划分。选择此选项后,此时在信息栏中会出现图 5-39 所示的 Mesh Metric 窗口,在窗口内显示了 Warping Factor 图表。系数接近于 0 说明单元位于一个平面上,质量就好;若系数越大,则说明单元扭曲越大,质量越不好。

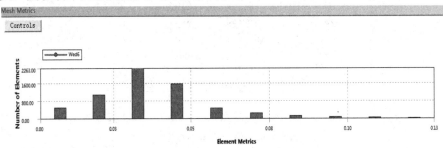

图 5-39　Warping Factor 图表

⑤ Parallel Deviation(平行偏差):计算对边矢量的点积,通过点积中的余弦值求出最大的夹角。平行偏差为 0 最好,此时两对边平行。选择此选项后,此时在信息栏中会出现图 5-40 所示的 Mesh Metrics 窗口,在窗口内显示了 Parallel Deviation 图表。

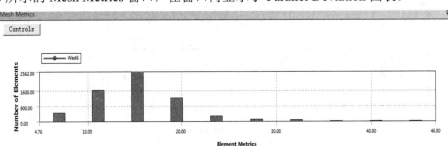

图 5-40　Parallel Deviation 图表

⑥ Maximum Corner Angle(最大壁角角度):计算最大角度。对三角形而言,60°最好,为等边三角形;对四边形而言,90°最好,为矩形。选择此选项后,此时在信息栏中会出现图 5-41 所示的 Mesh Metrics 窗口,在窗口内显示了 Maximum Corner Angle 图表。

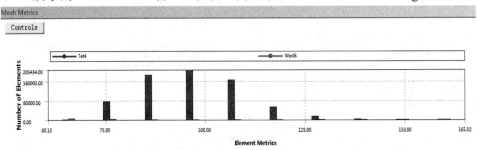

图 5-41　Maximum Corner Angle 图表

⑦ Skewness(偏斜)：网格质量检查的主要方法之一，有两种算法，即 Equilateral-Volume-Based Skewness 和 Normalized Equiangular Skewness。其值位于 0～1 之间，0 最好，1 最差。选择此选项后，此时在信息栏中会出现图 5-42 所示的 Mesh Metrics 窗口，在窗口内显示了 Skewness 图表。

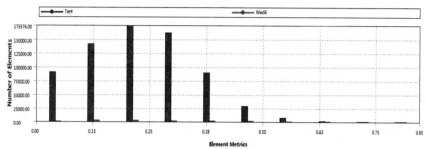

图 5-42　Skewness 图表

⑧ Orthogonal Quality(正交品质)：网格质量检查的主要方法之一，其值位于 0～1 之间，0 最差，1 最好。选择此选项后，此时在信息栏中会出现图 5-43 所示的 Mesh Metrics 窗口，在窗口内显示了 Orthogonal Quality 图表。

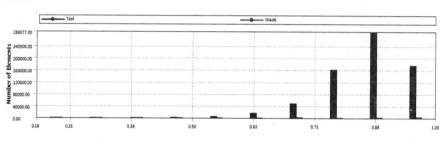

图 5-43　Orthogonal Quality 图表

5.4　扫掠网格划分

扫掠(Sweep)是指当创建六面体网格时先划分源面再延伸到目标面的一种网格划分方法。除源面及目标面以外的面都叫做侧面。扫掠方向或路径由侧面定义，源面和目标面间的单元层是由插值法建立并投射到侧面上去的。

注：为划分比较完整的固体/流体网格，需要同时进行几个扫掠操作，为使可扫掠体得到共形网格，应将体组装进多体部件。

5.4.1　扫掠划分方法

1. 特点

使用扫掠划分方法能够实现扫掠体六面体和楔形单元的有效划分。扫掠划分方法具有以下特点：
(1) 体相对源面和目标面的拓扑可实现手动或自动选择。
(2) 源面可划分为四边形和三角形面。
(3) 源面网格需要复制到目标面。
(4) 随着体的外部拓扑，生成六面体或楔形单元连接两个面。

一个可扫掠体需要满足下列条件：
(1) 包含不完全闭合空间。
(2) 至少有一个由边或闭合表面连接的从源面到目标面的路径。
(3) 没有硬性分割定义，在源面和目标面的相应边上可以有不同的分割数。

2. 步骤

扫掠(Sweep)网格划分的操作步骤如下：

(1) 右击 Mesh，如图 5-44 所示，在弹出的快捷菜单中选择 Insert(插入)→Method(方法)命令。

(2) 在网格参数设置栏中选择 Scope→Geometry 选项，在图形区域选择应用该方法的体，单击 Apply(应用)按钮，如图 5-45 所示。

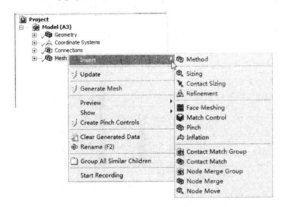
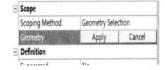

图 5-44　快捷菜单　　　　　　　　　　图 5-45　Geometry 设置

(3) 将 Definition 栏中的 Method 设置为 Sweep(扫掠)，即可使用扫掠方法进行网格划分，如图 5-46 所示。

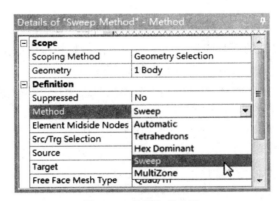

图 5-46　使用扫掠方法

3. 分类

在 ANSYS Workbench 17.0 网格划分中有 3 种六面体划分或扫掠方法。

(1) 普通扫掠方法：单个源面对单个目标面的扫掠，该方法可以很好地处理扫掠方向拥有多个侧面的情况，扫掠时需要分解几何以使每个扫掠路径对应一个体。

(2) 薄扫掠方法：多个源面对多个目标面的扫掠，该方法可以很好地替代壳模型中的面，以得到纯六面体网格。

注：当侧面相对于源面较大(通常指侧面与源面的长径比>1/5)、只有 1 个源面和 1 个目标面、扫掠方向沿路径改变时采用普通扫掠方法，反之则采用薄扫掠方法。

(3) 多区扫掠方法：一种自由分解方法，支持多个源面对多个目标面的扫掠。

注：薄扫掠和多区扫掠方法的引入解决了普通扫掠方法难以解决的问题。薄扫掠方法善于处理薄部件的多个源面和目标面；多区扫掠方法提供非手动分解几何模型等自由分解方法，并支持多个源面和多个目标面的方法。

5.4.2 扫掠网格控制

使用扫掠(Sweep)方法进行网格划分时，网格的控制参数如图 5-47 所示。

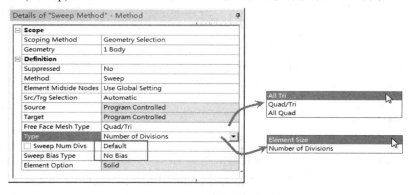

图 5-47　Sweep 网格的控制参数

- Free Face Mesh Type(自由面网格类型)：包括 Quad/Tri(四边形/三角形)、All Quad(所有四边形)、All Tri(所有三角形)。
- Type(类型)：包括 Element Size(单元尺寸-软约束)、Number of Divisions(分割数-硬约束)。
- Sweep Bias Type(扫掠偏斜类型)：类似于边偏斜(从源面到目标面)。

注：当扫掠几何包含许多扭曲/弯曲时，扫掠划分器会产生扭曲单元，从而导致网格划分失败，尤其是多步骤创建的几何(如一系列的拉伸和旋转)更容易产生问题，采用单个 3D 操作便可以避免该问题(例如采用扫掠操作代替一系列的拉伸和旋转操作)。

5.5　多区网格划分

扫掠网格划分方法可以实现单个源面对单个目标面的扫掠，也可以很好地处理扫掠方向的多个侧面。本节将要介绍的多区网格划分为一种自由分解方法,可以实现多个源面对多个目标面的网格划分。

1. 多区网络划分方法

在下列情况下需使用多区网格划分方法:
(1) 划分相较于传统扫掠方法来说太复杂的单体部件;
(2) 需要考虑多个源面和目标面;
(3) 关闭对源面和侧面的膨胀;
(4) "薄"实体部件的源面和目标面不能正确匹配,但关心目标侧面的特征。

多区(MultiZone)网格划分的操作步骤可以参照扫掠网格划分方法,此处不再赘述。

2. 多区网格控制

利用多区(MultiZone)方法进行网格划分时,网格的控制参数如图 5-48 所示。

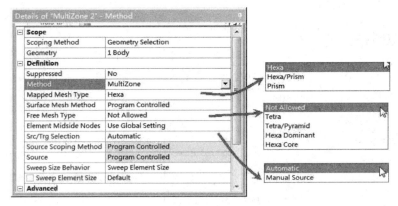

图 5-48 MultiZone 网格的控制参数

- Mapped Mesh Type(映射网格类型):包括 Hexa(六面体)、Hexa/Prism(六面体/棱柱)。
- Free Mesh Type(自由网格类型):包括 Not Allowed(不允许)、Tetra(四面体)、Hexa Dominant(六面体-支配)、Hexa Core(六面体-核心)。
- Src/Trg Selection(源面/目标面选择):包括 Automatic(自动的)、Manual Source(手动源面)。

5.6 网格划分案例

通过上面几节的学习,已经基本掌握了网格划分的方法,本节将通过实例的方法来加强对网格划分方法及思路的掌握,并从中了解各网格参数的设置技巧。

1. 启动 Workbench 并建立网格划分项目

(1) 在 Windows 系统下执行"开始"→"所有程序"→ANSYS 17.0→Workbench 17.0 命令,启动 ANSYS Workbench 17.0,进入主界面。

(2) 双击主界面 Toolbox(工具箱)中的 Component Systems→Mesh(网格)选项,在项目管理区创建分析项目 A,如图 5-49 所示。

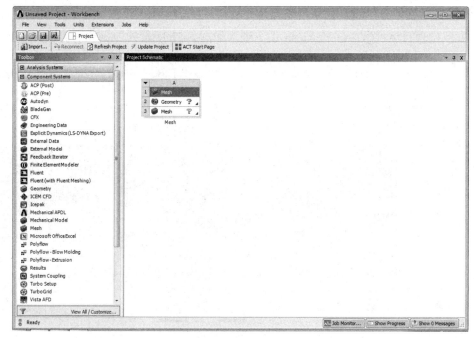

图 5-49 创建分析项目 A

2. 创建几何体

在 Geometry 主界面中选择 Units(单位)→Millimeter 命令，设置模型单位，然后创建几何模型，如图 5-50 所示(创建几何体的步骤请参照第 4 章内容，此处不再赘述)。为了进行网格划分，得到更规则的网格，可将几何模型设置为冻结体(Freeze)，处理后模型的网格仍然是连续的。

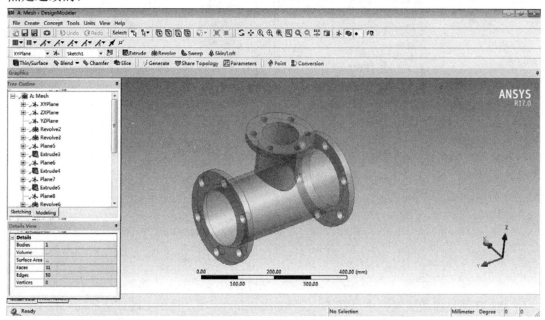

图 5-50 几何模型

3. 设置网格划分选项及默认网格显示

(1) 双击项目 A 中的 A3 栏 Mesh 项，进入如图 5-51 所示的 Meshing 界面，在该界面下即可进行网格的划分操作。

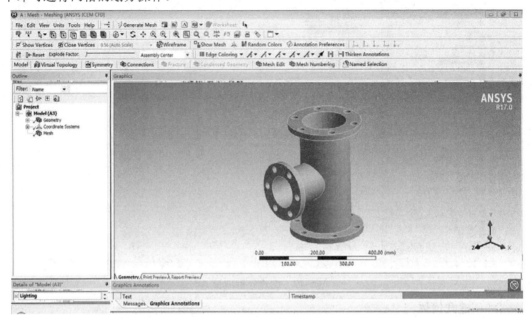

图 5-51　Meshing 界面

(2) 右击 Mesh，如图 5-52 所示，在弹出的快捷菜单中选择 Insert(插入)→Method(方法)命令。

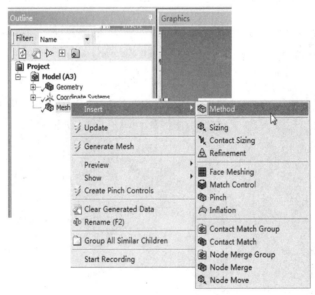

图 5-52　快捷菜单

(3) 在网格参数设置栏中选择 Scope→Geometry 选项，在图形区域选择几何模型，单击 Apply(应用)按钮，将 Definition 栏中的 Method 设置为 Tetrahedrons(四面体)，即可使用四面体方法进行网格划分，如图 5-53 所示。

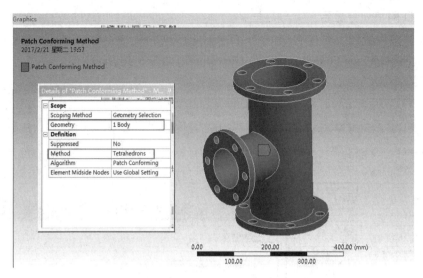

图 5-53 网格设置

(4) 在 Mesh 项上单击鼠标右键,在弹出的快捷菜单中选择 Generate Mesh 命令,当弹出的网格划分进度条消失后会生成如图 5-54 所示的网格。

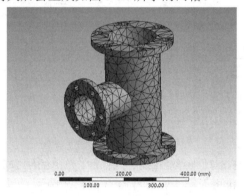

图 5-54 网格效果

(5) 单击 Mesh 选项,在参数设置列表中展开 Sizing 和 Statistics 项。在 Mesh Metric 中选择 Skewness,可以观察到网格划分后的状态(包括网格的粗糙度和网格统计),如图 5-55 所示。

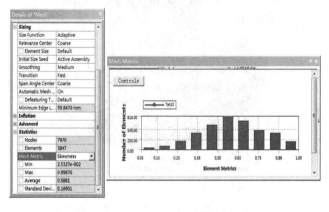

图 5-55 Mechanical 网格划分状态

4. CFD 网格划分显示

(1) 在参数设置列表中将 Physics Preference 改为 CFD、Solver Preference 改为 Fluent、检验高级尺寸选项 Size Function 设置为 Curvature，如图 5-56 所示。

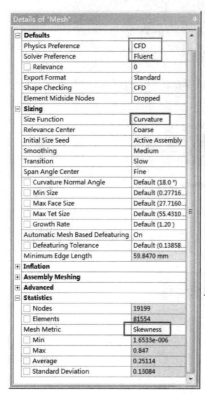
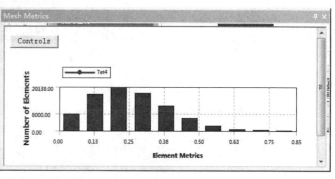

图 5-56　参数设置

(2) 在分析树中的 Mesh 项上单击鼠标右键，在弹出的快捷菜单中选择 Generate Mesh 命令。当弹出的网格划分进度条消失后，生成的网格如图 5-57 所示。

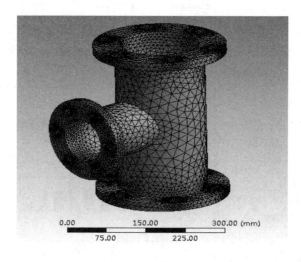

图 5-57　网格效果

5. 最大、最小尺寸控制

(1) 在图形窗口中，单击鼠标右键，在弹出的快捷菜单中选择 View→Top 命令，如图 5-58 所示，此时的视图如图 5-59 所示。

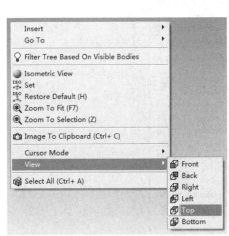

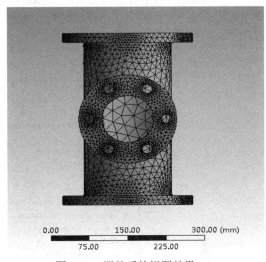

图 5-58　快捷菜单　　　　　　　图 5-59　调整后的视图效果

(2) 单击标准工具栏中的 按钮，如图 5-60 所示，在图形窗口中绘制一条直线，将图形剖开，如图 5-61 所示。

图 5-60　标准工具栏

(3) 按住鼠标中键，调整视图显示，以便观察剖切面的网格划分效果，如图 5-62 所示。

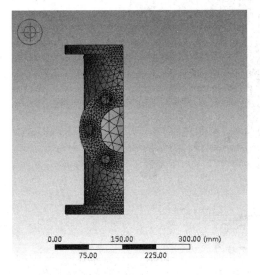

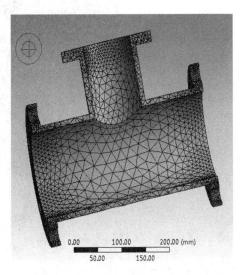

图 5-61　剖切效果　　　　　　　图 5-62　调整视图显示

(4) 在参数设置列表中的 Size Function 内改变设置为 Proximity and Curvature，为网格划分算法添加更好的处理临近部位的网格，如图 5-63 所示。

Details of "Mesh"

Sizing	
Size Function	Proximity and C...
Relevance Center	Coarse
Initial Size Seed	Active Assembly
Smoothing	Medium
Transition	Slow
Span Angle Center	Fine
Curvature Normal Angle	Default (18.0 °)
Num Cells Across Gap	Default (3)
Proximity Size Function Sources	Faces and Edges
Min Size	Default (0.27716...
Proximity Min Size	Default (0.27716...
Max Face Size	Default (27.7160...
Max Tet Size	Default (55.4310...
Growth Rate	Default (1.20)
Automatic Mesh Based Defeaturing	On
Defeaturing Tolerance	Default (0.13858...
Minimum Edge Length	59.8470 mm
Inflation	
Assembly Meshing	
Advanced	
Statistics	
Nodes	145066
Elements	687213
Mesh Metric	Skewness

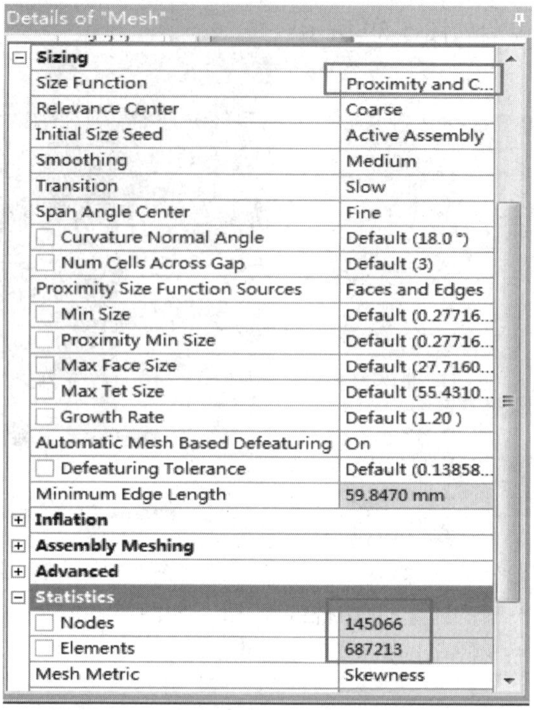

图 5-63　网格状态

(5) 保留剖切截面激活状态的视图，再次执行 Generate Mesh 命令生成网格，此时在厚度方向增加了多个单元并且网格数量大大增加，网格效果如图 5-64 所示。

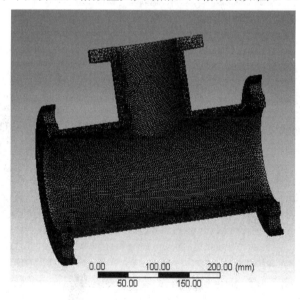

图 5-64　网格效果

(6) 在 Min Size 中输入 1.0mm，执行 Generate Mesh 命令生成网格，网格效果如图 5-65 所示。此时厚度方向仍然有多个单元但网格数量相对较少。

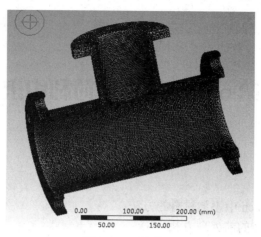

图 5-65　网格效果

6. 保存文件并退出

(1) 单击 Meshing 界面右上角的 ✖(关闭)按钮，退出 Meshing 界面，并返回到 Workbench 主界面。

(2) 在 Workbench 主界面中单击常用菜单栏 File 中的 ◨ Save As... (另存为)选项，保存刚创建的模型文件。

(3) 单击主界面右上角的 ✖(关闭)按钮，退出 Workbench，完成模型的网格划分。

第 6 章 施加载荷和约束

【学习目标】
- 掌握在 Workbench 中添加材料的方法;
- 掌握 Mechanical 的前处理方法;
- 掌握施加载荷及约束的方法;
- 了解 Mechanical 操作环境。

在 ANSYS Workbench 中 Mechanical 是用来进行网格划分及结构和热分析的。本章首先介绍 Mechanical 的工作环境、前处理,然后介绍如何在模型中施加载荷和约束等内容。

6.1 选择分析类型

载荷和约束是 ANSYS Workbench-Mechanical 求解计算的边界条件,它们是以所选单元的自由度的形式定义的。

在施加载荷和约束之前通常要先确定模型的分析类型,ANSYS Workbench 中常见的分析类型如下:

Static Structural:结构静强度分析,用于求解位移、应力、应变以及结构力。

Flexible Dynamic:柔性动力学分析,用于计算结构在常规动态载荷下的动力特性,可以是线性或非线性。

Rigid Dynamic:刚性动态分析,用于求解刚体的动力特性(可以通过"joints"或"spring"功能,完成目标结构多体的链接)。

Modal Analysis:模态分析,用于求解振动特性,如涡轮叶片的振动、结构的预应力等。(其主要对线性结构进行分析,即忽略阻尼、忽略外加载荷、依赖静力分析)。

Harmonic Response Analysis:谐响应分析、用于分析长期载荷引起的周期性响应,属于线性分析。

Linear Buckling Analysis:线性挤压分析。

Random Vibration Analysis:随机振动分析,用于分析自然界中的随机振动载荷引起的结构响应。

Shape Optimization Analysis:结构最优化分析。

Steady-State Thermal Analysis:稳态热分析。

Transient Thermal Analysis:非稳态热分析。

Magnetostatic Analysis:静磁分析。

6.2 加载环境与菜单

在 Mechanical 中提供了以下四种类型的约束载荷：

(1) 惯性载荷：专指施加在定义好的质量点上的力(Point Masses)。惯性载荷施加在整个模型上，进行惯性计算时必须输入材料的密度。

(2) 结构载荷：施加在系统零部件上的力或力矩。

(3) 结构约束：限制部件在某一特定区域内移动的约束，也就是限制部件的一个或多个自由度。

(4) 热载荷：施加热载荷时系统会产生一个温度场，使模型中发生热膨胀或热传导，进而在模型中进行热扩散。

利用 ANSYS Mechanical 进行结构分析时，需要施加的载荷有多种。下面具体介绍 ANSYS Workbench 17.0 的加载环境与菜单，也可以查阅相关帮助文件。

1. 施加载荷

(1) 在 Windows 系统下执行"开始"→"所有程序"→ANSYS 17.0→WorkBench 17.0 命令，启动 ANSYS Workbench 17.0，进入主界面。

(2) 双击主界面 Toolbox(工具箱)中 Analysis Systems→Static Structural(这里以静态结构分析为例)选项，即可在 Project Schematic(项目管理区)创建分析项目 A，如图 6-1 所示。

(3) 双击项目中 Model(模型)即 A4 栏目即可进入 Mechanical 操作环境，选择 Mechanical 界面左侧 Outline(分析树)中的 Static Structural(A5)选项，此时会出现图 6-2 所示的 Environment 工具栏。

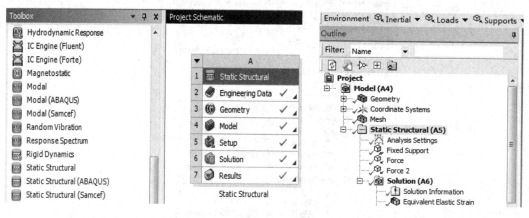

图 6-1 创建分析项目 A   图 6-2 Environment 工具栏

2. 惯性载荷

惯性载荷(Inertial)是通过施加加速度实现的，加速度是通过惯性力施加到结构上的，惯性力的方向与所施加的加速度方向相反，它包括加速度(线性)、重力加速度及角速度等，惯性载荷菜单如图 6-3 所示。

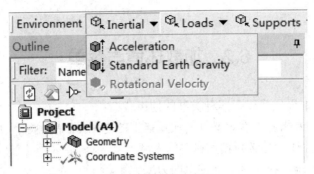

图 6-3 惯性载荷菜单

(1) Acceleration (加速度)：该加速度指的是线性加速度，它施加在整个模型上。假如加速度突然施加到系统上，惯性将阻止加速度所产生的变化，从而惯性力的方向与所施加的加速度的方向相反。加速度可以定义为分量或矢量的形式，单位为米每二次方秒。

(2) Standard Earth Gravity (重力加速度)：标准的地球重力可以作为一个载荷施加，其值为 9.80665m/s2(在国际单位制中)。重力加速度的方向定义为整体坐标系或局部坐标系的其中一个坐标轴方向。由于"标准的地球重力"是一个加速度载荷，因此，如上所述，需要定义与其实际相反的方向得到重力的作用力。

(3) Rotational Velocity (角速度)：整个模型以给定的速率绕旋转轴转动，它可以以分量或矢量的形式定义，输入单位可以是弧度每秒(默认选项)，也可是度每秒。

3. 力载荷

在 Mechanical 中，力载荷集成到结构分析的 Loads(载荷)下拉菜单中，它是进行结构分析所必备的，必须掌握各载荷的施加特点，才能更好地将其应用到结构分析中去。力载荷菜单 6-4 所示。

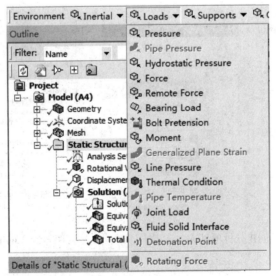

图 6-4 力载荷菜单

(1) Pressure (压力)：该载荷以与面正交的方向施加在面上，指向面内为正，反之为负，单位是单位面积的力。

(2) `Hydrostatic Pressure`(静水压力)：该载荷表示在面(实体或壳体)上施加一个线性变化的力，模拟结构上的流体载荷。流体可能处于结构内部，也可能处于结构外部。施加该载荷时需要指定加速度的大小和方向、流体密度、代表流体自由面的坐标系，对于壳体，还提供了一个顶面/底面选项。

(3) `Force`(集中力)：集中力可以施加在点、边或面上，它将均匀地分布在所有实体上。单位是质量与长度的乘积比上时间的平方，集中力可以以矢量或分量形式来定义。

(4) `Remote Force`(远程载荷)：给实体的面或边施加一个远离的载荷。施加该载荷时需要指定载荷的原点(附着于几何体上或用坐标指定)，该载荷可以以矢量或分量形式来定义。

(5) `Bearing Load`(轴承负载(集中力))：使用投影面的方法将力的分量按照投影面积分布在压缩边上。轴承负载可以以矢量或分量形式来定义。施加轴承负载时，不允许存在轴向分量；每个圆柱面上只能使用一个轴承负载；若圆柱面是断开的，一定要选中它的两个半圆柱面。

(6) `Bolt Pretension`(螺栓预紧力)：给圆柱形截面上施加预紧力以模拟螺栓连接，包括预紧力(集中力)或调整量(长度)。在使用该载荷时需要给物体在某一方向上的预紧力指定一个局部坐标系。求解时会自动生成两个载荷步：LS1——施加有预紧力、边界条件和接触条件；LS2——预紧力部分的相对运动是固定的，同时施加了一个外部载荷。螺栓预紧力只能用于三维模拟，且只能用于圆柱面体或实体，使用时需要精确的网格划分(在轴向上至少需要有两个单元)。

(7) `Moment`(力矩载荷)：对于实体，力矩只能施加在面上，如果选择了多个面，力矩则均匀分布在多个面上；对于面，力矩可以施加在点上、边上或面上。当以矢量形式定义时遵守右手螺旋准则。力矩的单位是力乘以距离。

(8) `Line Pressure`(线压力)：只能用于三维模型中，它是以载荷密度的形式给边上施加一个分布载荷，线压力的单位是单位长度上的载荷。线压力的定义方式有3种：幅值和向量、幅值和分量方向(总体或者局部坐标系)、幅值和切向。

(9) `Thermal Condition`(热载荷)：用于在结构分析中施加一个均匀温度载荷，施加热载荷时，必须制定一个参考温度。由于温度差的存在，会在结构中导致热膨胀或热传导。

此外在 ANSYS Workbench 中还有 `Joint Load` 及 `Fluid Solid Interface` 等载荷，它们在应用中出现的概率较小，这里不再赘述，若想了解它们的作用及施加方法，可查阅 Workbench 帮助等相关资料。

6.3 施加约束

在模型中除了要施加载荷外，还要施加约束，约束也称为边界条件，常见的约束菜单如图 6-5 所示。其他在实际工程中用到的载荷请查阅相关帮助文件。

(1) `Fixed Support`(固定约束)：用于限制点、边或面的所有自由度，对于实体，限制 x、y、z 方向上的移动；对于面体和线体，限制 x、y、z 方向上的移动和绕各轴的转动。

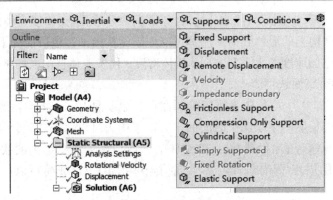

图 6-5 约束菜单

(2) Displacement (位移约束):用于在点、边或面上施加已知位移,该约束允许给出 x、y、z 方向上的平动位移(在自定义坐标系下),当为 "0" 时表示该方向是受限的,当空白时表示该方向自由。

(3) Frictionless Support (无摩擦约束):用于在面上施加法向约束(固定),对实体可用于模拟对称边界约束。

(4) Compression Only Support (仅有压缩的约束):该约束只能在正常压缩方向施加约束,它可以用来模拟圆柱面上受销钉、螺栓等的作用,求解时需要进行迭代(非线性)。

(5) Cylindrical Support (圆柱面约束):该约束为轴向、径向或切向约束提供单独的控制,通常施加在圆柱面上。

(6) Simply Supported (简单约束):可以将其施加在梁或壳体的边缘或者顶点上,用来限制平移,但是允许旋转并且所有旋转都是自由的。

(7) Fixed Rotation (转动约束):可以施加在壳或梁的表面、边缘或者顶点上。与简单约束相反,它用来约束旋转,但是不限制平移。

(8) Elastic Support (弹性约束):该约束允许在面、边界上模拟类似弹簧的行为,基础的刚度为使基础产生单位法向偏移所需要的压力。

在 ANSYS Workbench 中还有 Remote Displacement 及 Velocity 等约束,它们在实际应用中出现概率的较小,这里不再赘述,若想了解它们的作用及施加方法,则查阅 Workbench 帮助等相关资料。

第 7 章 模型求解与后处理

【学习目标】

- 掌握 Mechanical 的后处理；
- 熟悉 Mechanical 后处理的类型和结果显示；
- 了解 Mechanical 求解器的类型和方法。

在 ANSYS Workbench 中 Mechanical 是用来进行网格划分及结构和热分析的。本章首先介绍 Mechanical 中的两种求解器：直接求解器与迭代求解器，然后介绍 Mechanical 的结果后处理。

7.1 模 型 求 解

7.1.1 求解环境与菜单

在 Analysis Workbench Mechanical 中启动求解命令的方法有如下两种：

(1) 如图 7-1 所示，单击标准工具箱里的 Solve(求解)按钮，开始求解模型。

(2) 在 Outline(分析树)中的分支上右击，在弹出的快捷菜单中选择 Solve(求解)命令，开始模型求解，如图 7-2 所示。

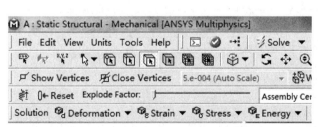

图 7-1　工具栏中的求解命令　　　　图 7-2　快捷键中的求解命令

系统默认采用两个处理器进行求解。当采用其他数量的求解器时，可以通过下面的操作步骤进行设置：

(1) 选择菜单栏中的 Tools(工具)→Solve Processing Settings(求解进程设置)命令，此时

会弹出 Solve Processing Settings 对话框。

(2) 在对话框中单击"Advanced"(高级)按钮，会弹出 Advanced Properties 对话框。

(3) 在对话框中的 Max number of utilized cores 后文本框输入求解器的个数，由此来对求解器个数进行设置，如图 7-3 所示。

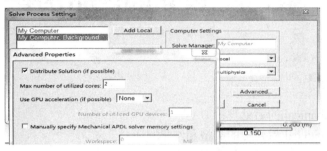

图 7-3　求解器个数的设置

7.1.2　求解器类型

所有的设置完成之后即可对模型进行求解，在 Mechanical 中有两种求解器：直接求解器与迭代求解器，通常情况下，求解器是自动选取的，当然也可以预先设定求解器。

(1) 执行菜单栏中的 Tools(工具)→Options(选项)命令，如图 7-4 所示，会弹出 Options(选项)对话框。

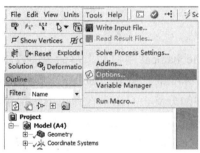

图 7-4　选项命令执行过程

(2) 在对话框中选择 Analysis Settings and Solution 选项，然后在对话框右侧的 Solver Type 选项下选择相应的求解方法即可，如图 7-5 所示。

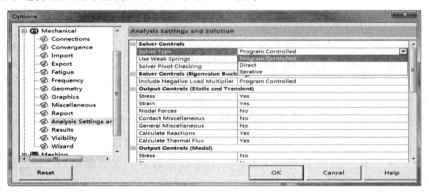

图 7-5　设置求解方法

7.2 后处理操作

Workbench 平台的后处理包括查看结果、显示结果(Scope Results)、输出结果、坐标系和方向解、结果组合(Solution Combinations)、应力奇异(Stress Singularities)、误差估计、收敛状况等结果。

7.2.1 查看结果

当选择一个结果选项时，文本工具框就会显示该结果所要表达的结果，如图 7-6 所示。

图 7-6　结果选项卡

(1) `Result 5.7e-003 (Auto Scale)`(缩放比例)：对于结构分析(静态、模态、屈曲分析等)，模型的变形情况将发生变化，默认状态下，为了更清楚地看到结构的变化，缩放比例系数自动被放大，同时用户可以根据结构实际情况确定其变形属性，如图 7-7 所示。此外，也可以自己输入比例系数。

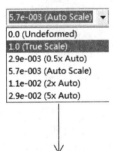

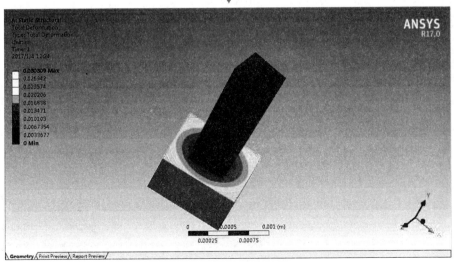

图 7-7　默认比例因子

(2) ▾(显示方式)：用于制云图显示方式，共有以下 4 个选项：

① Exterior：默认的显示方式并且是最常见的使用方式，如图 7-8 所示。

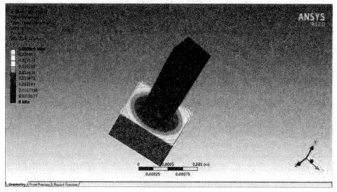

图 7-8 Exterior 方式

② IsoSurface：用于显示相同的值域，如图 7-9 所示。

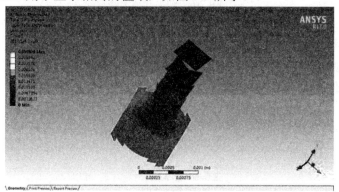

图 7-9 IsoSurface 方式

③ Capped IsoSurface：删除了模型的一部分之后的显示结果，删除的部分是可变的，高于或低于某个指定值的部分被删除，如图 7-10 所示。

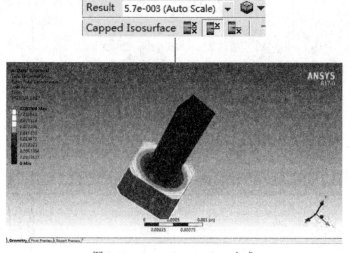

图 7-10 Capped IsoSurface 方式

④ Section Planes：允许用户去真实切模型，需要先创建一个界面，然后显示剩余部

分云图，如图 7-11 所示。

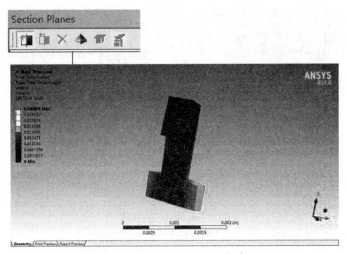

图 7-11　Section Planes 方式

(3)　■▼(色条设置)：用于控制模型的显示云图方式，共有以下 4 个选项：
① Smooth Contour：光滑显示云图，颜色变化过度变焦光滑，如图 7-12 所示。

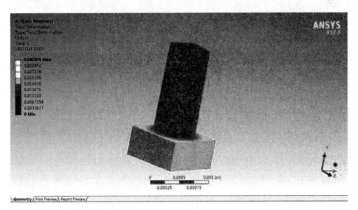

图 7-12　Smooth Contour 方式

② Contour Bands：云图显示有明显的色带区域，如图 7-13 所示。

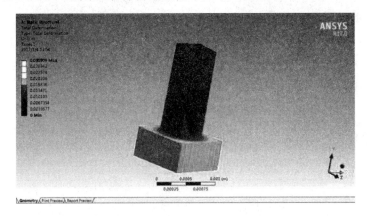

图 7-13　Contour Bands 方式

③ Isolines：以模型等值线的方式显示，如图 7-14 所示。

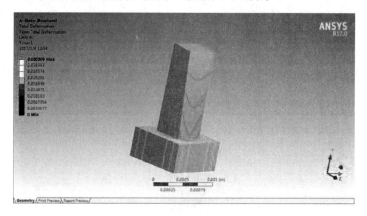

图 7-14　Isolines 方式

④ Solid Fill：不在模型上显示云图，如图 7-15 所示。

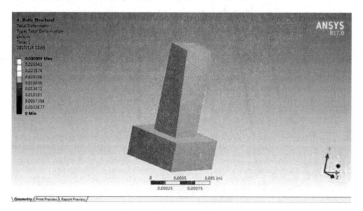

图 7-15　Solid Fill 方式

(4) ▼ (外形显示)：允许用户显示未变形的模型或者划分网格的模型，共有以下 4 个选项：

① No WireFrame：不显示几何轮廓线，如图 7-16 所示。

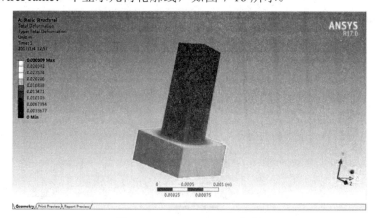

图 7-16　No WireFrame 方式

② Show Underformed WireFrame：显示未变形轮廓，如图 7-17 所示。

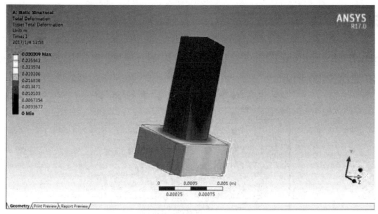

图 7-17　Show Underformed WireFrame 方式

③ Show Underformed Model：显示未变形的模型，如图 7-18 所示。

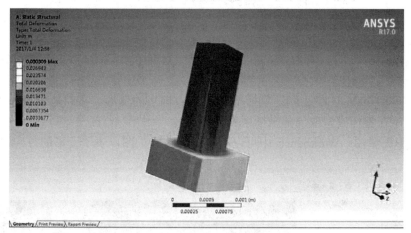

图 7-18　Show Underformed Model 方式

④ Show Element：显示单元，如图 7-19 所示。

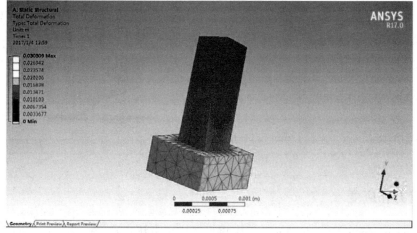

图 7-19　Show Element 方式

(5) MAX MIN Probe (最大值、最小值与刺探工具)：单击相应按钮，此时图形中将显示最大值、最小值和刺探位置的数值。

7.2.2 变形显示

在 Workbench Mechanical 的计算结果中，可以显示模型的变形量，主要包括 Total 及 Directional ，如图 7-20 所示。

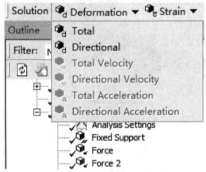

图 7-20 变形量分析选项

(1) Total (整体变形)：整体变形是一个标量，它由下式决定：

$$U_{\text{total}} = \sqrt{U_x^2 + U_y^2 + U_z^2}$$

(2) Directional (方向变形)：包括 x、y 和 z 方向上的变形，它们是在 Directional 中指定的，并显示在整体模型或局部坐标系中。

(3) 变形矢量图：Workbench 中可以给出变形的矢量图，表明变形的方向，如图 7-21 所示。

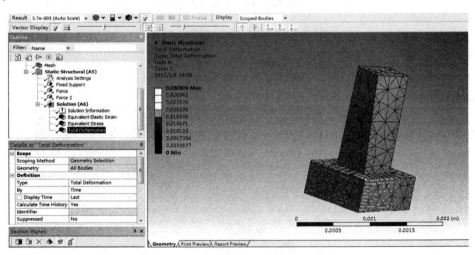

图 7-21 变形矢量形式

7.2.3 应力和应变

Workbench Mechanical 有限元分析中提供了应力分析选项 Stress 和应变分析选项 Strain ，如图 7-22 和图 7-23 所示，这里 Strain 实际上指的是弹性应变。

在分析结果中，应力和应变有 6 个分量(x, y, z, xy, yz, xz)，热应力有 3 个分量(x,

y，z)。对应力和应变而言,其分量可以在 Normal(x，y，z)和 Shear(xy，yz，xz)中指定,而热应变是在 Thermal 中指定的。

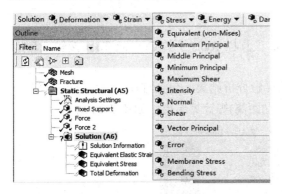
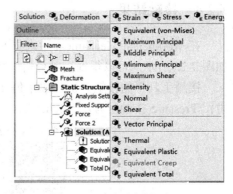

图 7-22 应力分析选项　　　　　　　　　　图 7-23 应变分析选项

由于应力为一张力,因此单从应力分量上很难判断出系统的响应,在 Mechanical 中可以利用安全系数对系统响应做出判断,它主要取决于所采用的强度理论。使用每个安全系数的应力工具,都可以绘制出安全边界及应力比。

应力工具(Stress Tool)可以利用 Mechanical 的计算结果,操作时在 Stress Tool 下选择合适的强度理论即可,如图 7-24 所示。

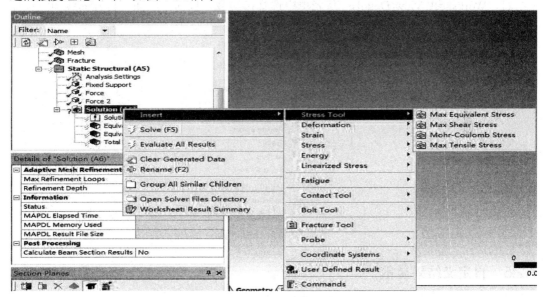

图 7-24 应力分析工具

最大等效应力理论及最大剪切应力理论适用于塑性材料(Ductile),Mohr-Coulomb 应力理论及最大拉应力理论适用于脆性材料(Brittle)。其中最大等效应力 Max Equivalent Stress 为材料力学中的第四强度理论,定义为

$$\sigma_\blacklozenge = \sqrt{\frac{1}{2}\left[(\sigma_1-\sigma_2)^2+(\sigma_2-\sigma_3)^2+(\sigma_3-\sigma_1)^2\right]}$$

最大剪应力 Max Shear Stress 定义为 $\tau_{max} = \dfrac{\sigma_1-\sigma_3}{2}$,对于塑性材料,$\tau_{max}$ 与屈服强度

相比可以用来预测屈服极限。

7.2.4 接触结果

在 Workbench Mechanical 中选择 Solution 工具栏 Tools 下的 Contact Tool(接触工具)，如图 7-25 所示，可以得到接触分析结果。

接触工具下的接触分析可以求解相应的接触分析结果，包括 Frictional Stress(摩擦应力)、Pressure(接触压力)、Sliding Distance(滑动距离)等计算结果，如图 7-26 所示。

图 7-25 接触分析工具

选择 Contact Tool 接触域时可采用以下两种方法：

(1) Worksheet View(Detail)：从表单中选择接触域，包括接触面、目标面或同时选择两者。

(2) Geometry：在图形窗口中选择接触域。

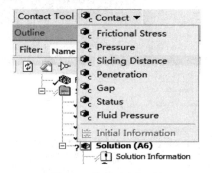

图 7-26 接触分析工具

7.2.5 自定义结果显示

在 Workbench Mechanical 中，除了可以查看标准结果外，还可以根据需要插入自定义结果，包括数学表达式和多个结果的组合等。自定义结果显示有以下两种方式：

(1) 选择 Solution 菜单中的 User Defined Result，如图 7-27 所示。

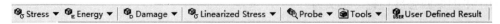

图 7-27 Solution 菜单

(2) 在 Solution Worksheet 中选中结果后右击，选择弹出的 Create User Defined Result 即可，如图 7-28 所示。

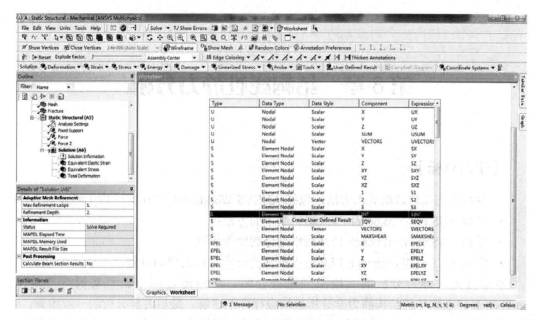

图 7-28 Solution Worksheet 中定义结果显示

在自定义结果显示参数设置列表中，表达式允许使用各种数学操作符号，包括平方根、绝对值、指数等，具体操作如图 7-29 所示。

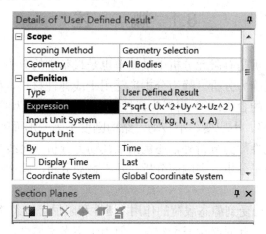

图 7-29 自定义结果显示

第8章 结构线性静力分析

【学习目标】

- 掌握外部几何数据导入方法,包括 ANSYS Workbench 17.0 支持的几何数据格式;
- 掌握 ANSYS Workbench 17.0 材料赋予的方法;
- 掌握 ANSYS Workbench 17.0 网格划分的操作步骤;
- 掌握 ANSYS Workbench 17.0 边界条件的设置与后处理的设置。

本章首先对静力分析的一般原理进行介绍,然后通过两个典型实例对 ANSYS Workbench 17.0 软件的结构静力学分析模块进行详细讲解,最后讲解分析的一般步骤,包括几何建模(外部几何数据的导入)、材料属性设置、网格设置与划分、边界条件的设定、后处理操作等。

8.1 概述

结构线性静力学分析是有限元分析中最简单也是最基础的分析方法,一般工程计算中最常用的分析方法就是静力分析。静力分析广泛用于线弹性材料、静态加载的情况。

线性分析有两方面的含义:① 材料为线性,应力应变关系为线性,变形是可恢复的;② 结构发生的是小位移、小应变、小转动,结构刚度不因变形而变化。

线性分析中除了线性静力分析外,还包括线性动力分析,而线性动力分析主要包括以下几种典型的分析:模态分析、谐响应分析、随机振动分析、瞬态动力学分析、响应谱分析及线性屈曲分析。

所谓静力,就是结构受到静态载荷的作用,惯性和阻尼可以忽略,在静态载荷作用下,结构处于静力平衡状态,此时必须充分约束,但由于不考虑惯性,因而质量对结构没有影响。但是在很多情况下,如果载荷周期远远大于结构自振周期(即缓慢加载),则结构的惯性效应能够忽略,这种情况可以简化为线性静力分析来进行。

与线性分析相对应的就是非线性分析,非线性分析主要分析的是大变形等。ANSYS Workbench 17.0 平台可以很容易地完成以上任何一种分析及任意几种类型分析的联合计算。

8.2 静力分析基础

由经典力学理论可知,物体的动力学通用方程为

$$[M]\{x\}'' + [C]\{x\}' + [K]\{x\} = \{F(t)\} \tag{8-1}$$

式中，[*M*] 是质量矩阵，[*C*] 是阻尼矩阵，[*K*] 是刚度矩阵，[*x*] 是位移矢量，{*F*(*t*)} 是力矢量，{*x*}' 是速度矢量，{*x*}" 是加速度矢量。

在现行结构分析中，与时间 *t* 相关的量都将被忽略，于是式(8-1)化简为

$$[K]\{x\} = \{F\} \tag{8-2}$$

8.3 静力分析过程

图 8-1 所示为静力分析流程，每个表格右侧都有一个提示符号，如对号(✓)、问号(？)等。

图 8-1 静力分析流程

在项目 A 中有 A1～A7 共 7 个表格(如同 Excel 表格)，从上到下依次设置即可完成一个静力分析过程，其中：

(1) Static Structural：静力分析求解器类型，即求解的类型和求解器的类型；

(2) Engineering Data：工程数据，即材料库，从中可以选择和设置工程材料；

(3) Geometry：几何数据，即几何建模工具或者导入外部几何数据平台；

(4) Model：前处理，即几何模型材料赋予和网格设置与划分平台；

(5) Setup：有限元分析，即求解计算有限元分析模型；

(6) Solution：后处理，即完成应力分布及位移响应等云图的显示。

8.4 实体静力分析案例

对一个平面支架进行受力分析，左端以两个孔固定，右端受到向下 3000 N 的力，材料属性为结构钢。建立有限元模型以求得更好的结构。

1. 启动 Workbench 并建立分析

(1) 在 Windows 系统下执行"开始"→"所有程序"→ANSYS 17.0→Workbench 17.0 命令，启动 ANSYS Workbench 17.0，进入主界面。

(2) 双击主界面 Toolbox(工具箱)中的 Analysis Systems→Static Structual(静态结构分析) 选项，即可在 Project Schematic(项目管理区)创建分析项目 A，如图 8-2 所示。

图 8-2　创建分析项目 A

2. 创建几何体

在 A3 Geometry 上双击，此时会弹出图 8-3 所示的 DesignModeler 软件窗口，在 Unit 菜单下选择 Millimeter，即可创建几何体。

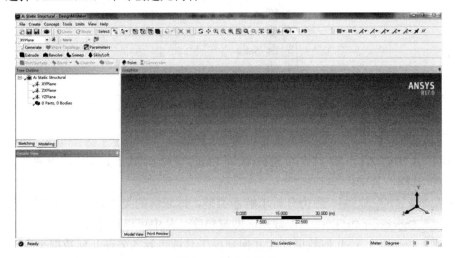

图 8-3　创建几何体

3. 绘制草图

单击 XYPlane 命令选择绘图平面，然后单击 按钮，使得绘图平面与绘图区域平行。绘制草图，如图 8-4 所示。

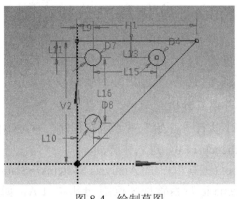

图 8-4　绘制草图

4. 建立实体模型

用拉伸命令,对草图拉伸厚度设置为 10 mm,拉伸效果如图 8-5 所示。单击 DesignModeler 界面右上角的 ⊠(关闭)按钮,退出 DesignModeler,返回到 Workbench 主界面。

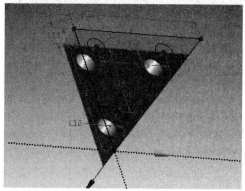

图 8-5 拉伸效果

5. 添加材料库

(1) 双击项目 A 中的 A2 栏 Engineering Data 项,进入如图 8-6 所示的材料参数设置界面,在该界面下即可进行材料参数设置。

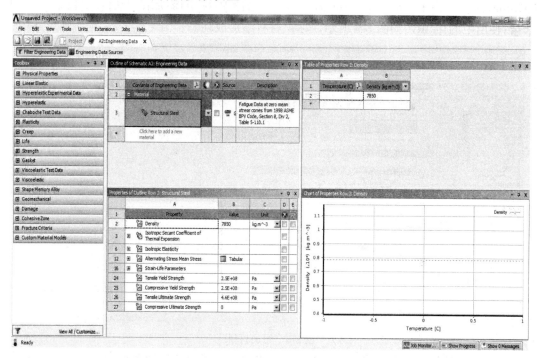

图 8-6 材料参数设置界面(一)

(2) 在界面的空白处单击鼠标右键,在弹出的快捷菜单中选择 Engineering Data Sources(工程数据源),此时的界面会变为如图 8-7 所示的界面。原界面窗口中的 Outline of Schematic B2: Engineering Data 消失,替换为 Engineering Data Sources 及 Outline of Favorites。

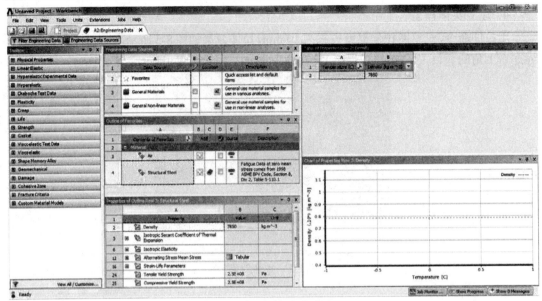

图 8-7 材料参数设置界面(二)

(3) 在 Engineering Data Sources 表中选择 A3 栏 General Materials,然后单击 Outline of Favorites 表中 A13 栏 Structural Steel(结构钢)后 B13 栏的 ➕ (添加),此时在 C13 栏中会显示 ◆(使用中的)标识,如图 8-8 所示,标识材料添加成功。

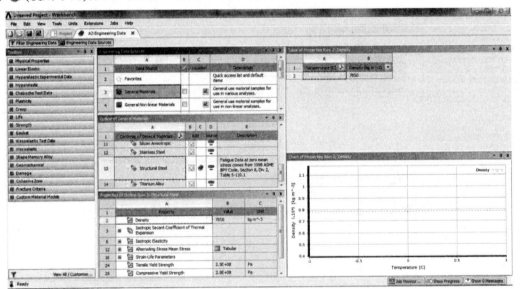

图 8-8 添加材料

(4) 同步骤(2),在界面的空白处单击鼠标右键,在弹出的快捷菜单中选择 Engineering Data Sources(工程数据源),再返回到初始界面中。

(5) 根据实际工程材料的特性,在 Properties of Outline Row 3: Stainless Steel 表中可以修改材料的特性,如图 8-9 所示,本案例采用的是默认值。

提示:用户也可以通过在 Engineering Data 窗口中自行创建新材料添加到模型库中,这在后面的讲解中会有所涉及,本案例中暂不介绍。

第 8 章 结构线性静力分析

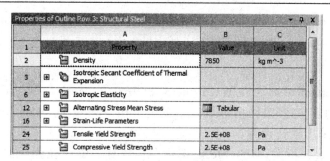

图 8-9 材料参数修改窗口

(6) 单击工具栏中的 Project 按钮,返回到 Workbench 主界面,材料库添加完毕。

6. 添加模型材料属性

(1) 双击主界面中项目管理区项目 A 的 A4 栏 Model 项,进入如图 8-10 所示的 Mechanical 界面,在该界面下即可进行网格的划分、分析设置、结果观察等操作。

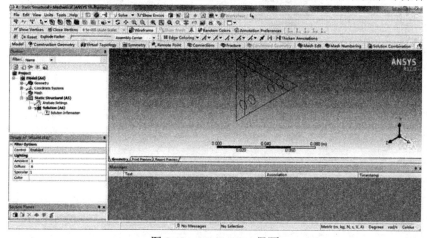

图 8-10 Mechanical 界面

(2) 选择 Mechanical 界面左侧 Outline(分析树)中 Geometry 选项下的 Solid,此时即可在 Details of "Solid"(参数列表)中给模型添加材料,如图 8-11 所示。

图 8-11 添加材料

(3) 单击参数列表中该项 Material 下 Assignment 黄色区域后的 ▼，此时会出现刚刚设置的材料 Structural Steel，选择即可将其添加到模型中，表示材料已经添加成功。

7. 划分网格

(1) 选择 Mechanical 界面左侧 Outline(分析树)中的 Mesh 选项，此时可在 Details of "Mesh"(参数列表)中修改网格参数。本案例中在 Sizing 的 Element Size 中设置为 2e-003 m，其余采用默认设置。

(2) 在 Outline(分析树)中的 Mesh 选项单击鼠标右键，在弹出的快捷菜单中选择 ⚡Generate Mesh 命令，此时会弹出如图 8-12 所示的进度显示条，表示网格正在划分，当网格划分完成后，进度条自动消失，最终的网格效果如图 8-13 所示。

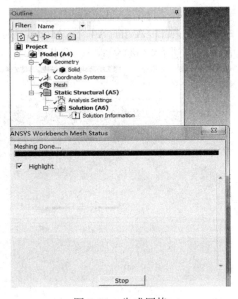

图 8-12 生成网格

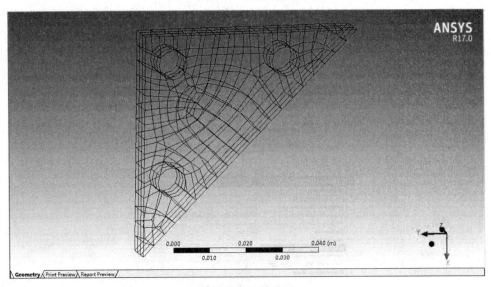

图 8-13 网格效果

8. 施加载荷与约束

(1) 选择 Mechanical 界面左侧 Outline(分析树)中的 Static Structural(A5)选项，选择 Environment 工具栏中的 Supports(约束)→Fixed Support(固定约束)命令，此时在分析树中会出现 Fixed Support 选项，如图 8-14 所示。

(2) 选中 Fixed Support，选择需要施加固定约束的面，单击 Details of "Fixed Support" 中 Geometry 选项下的 Apply 按钮，即可在选中面上施加固定约束，选中后，在 Geometry 栏中显示 2faces。

(3) 如同操作步骤(1)，选择 Environment 工具栏中的 Loads(载荷)→Force(压力)命令，此时在分析树中会出现 Force 选项，如图 8-15 所示。

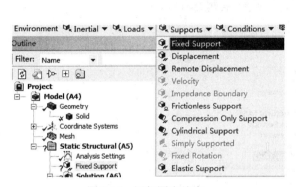

图 8-14 添加固定约束

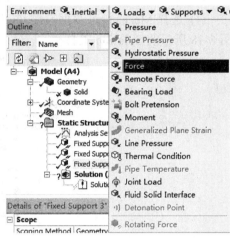

图 8-15 添加力载荷

(4) 如同操作步骤(3)，选中 Force，选择需要施加压力的面，单击 Details of "Force" 中 Geometry 选项下的 Apply 按钮，同时在 Define By 中选择 Component，然后在 Y Component 在输入 –3000 N，其余保持默认，如图 8-16 所示。

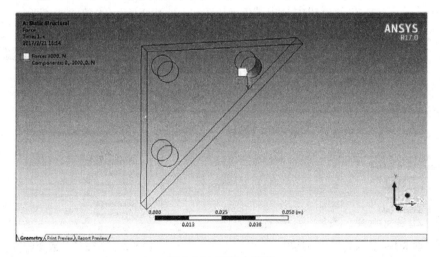

图 8-16 添加力载荷

(5) 在 Outline(分析树)中的 Static Structural(A5)选项单击鼠标右键，在弹出的快捷菜单中选择 Solve 命令，此时会弹出进度显示条，表示正在求解，当求解完成后进度条自动消失，如图 8-17 所示。

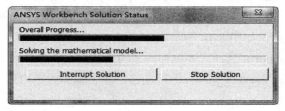

图 8-17　求解

9. 结果后处理

(1) 选择 Mechanical 界面左侧 Outline(分析树)中的 Solution(A6)选项，此时会出现如图 8-18 所示的 Solution 工具栏。

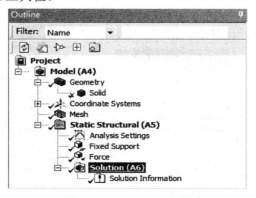

图 8-18　Solution 工具栏

(2) 选择 Solution 工具栏中的 Stress(应力)→Equivalent(von-Mises)命令，如图 8-19 所示，此时在分析树中会出现 Equivalent Stress(等效应力)选项。

(3) 如同步骤(2)，选择 Solution 工具栏中的 Strain(应变)→Equivalent(von-Mises)命令，如图 8-20 所示，此时在分析树中会出现 Equivalent Elastic Strain(等效应变)选项。

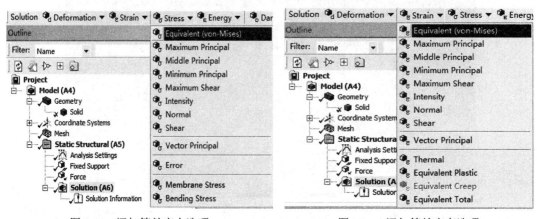

图 8-19　添加等效应力选项　　　　图 8-20　添加等效应变选项

(4) 如同步骤(2)，选择 Solution 工具栏中的 Deformation(变形)→Total 命令，如图 8-21 所示，此时在分析树中会出现 Total Deformation(总变形)选项。

(5) 在 Outline(分析树)中的 Solution(A6)选项处单击鼠标右键，在弹出的快捷菜单中选择 Equivalent All Results 命令，如图 8-22 所示，此时会弹出进度显示条，表示正在求解，当求解完成后进度条自动消失。

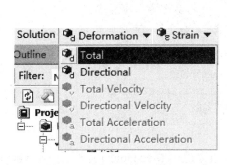
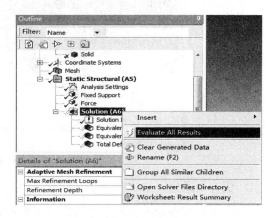

图 8-21　添加总变形选项　　　　　图 8-22　快捷菜单

(6) 选择 Outline(分析树)中 Solution(A6)下的 Equivalent Stress 选项，此时会出现如图 8-23 所示的应力分析云图。

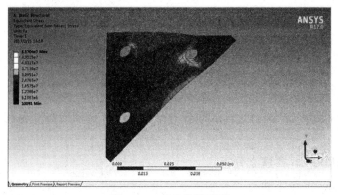

图 8-23　应力分析云图

(7) 选择 Outline(分析树)中 Solution(A6)下的 Equivalent Elastic Strain 选项，此时会出现如图 8-24 所示的应变分析云图。

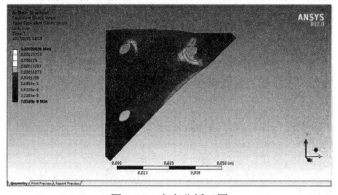

图 8-24　应变分析云图

(8) 选择 Outline(分析树)中 Solution(A6)下的 Total Deformation(总变形)，此时会出现

如图 8-25 所示的总变形分析云图。

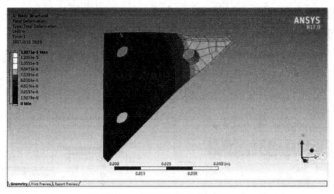

图 8-25　总变形分析云图

10. 保存与退出

(1) 单击 Mechanical 界面右上角的 ▨(关闭)按钮，退出 Mechanical 返回到 Workbench 主界面，此时主界面中的项目管理区中显示的分析项目均已完成。

(2) 在 Workbench 主界面中单击常用工具栏中的 ▨ Save(保存)按钮，保存文件名为 Sanjiaojia。

(3) 单击右上角的 ▨(关闭)按钮，退出 Workbench 主界面，完成项目分析。

8.5　复杂实体静力分析案例

有一增压器叶轮模型，试用结构线性静力分析模块分析增压器叶轮在 108 rad/s 转速下的应力分布。

1. 启动 Workbench 并建立分析

(1) 在 Windows 系统下执行"开始"→"所有程序"→ANSYS 17.0→Workbench 17.0 命令，启动 ANSYS Workbench 17.0，进入主界面。

(2) 双击主界面 Toolbox(工具箱)中的 Analysis Systems→Static Structual(静态结构分析)选项，即可在 Project Schematic(项目管理区)创建分析项目 A，如图 8-26 示。

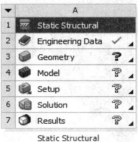

图 8-26　创建分析项目 A

2. 导入创建几何体

(1) 在 A3 栏的 Geometry 上点击鼠标右键，在弹出的快捷菜单中选择 Import Geometry→

Browse 命令，如图 8-27 所示，此时会弹出"打开"对话框。

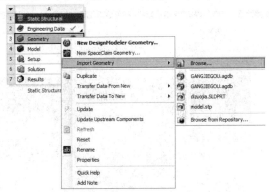

图 8-27 导入几何体

(2) 在弹出的"打开"对话框中选择文件路径，导入 Propeller.stp 几何体文件，如图 8-28 所示，此时 A3 栏 Geometry 后的 ? 变为 ✓，表示实体模型已经存在。

图 8-28 "打开"对话框

(3) 双击项目 A 中的 A3 栏 Geometry，会进入 DesignModeler 界面，在 Unit 菜单下设置单位为 mm，此时设计树中 Import1 前显示 ⚡，表示需要生成，此时图形窗口中没有图形显示，如图 8-29 所示。

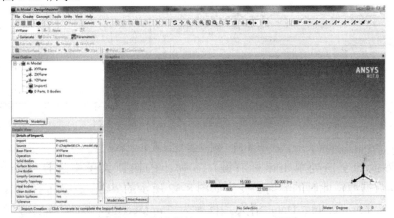

图 8-29 生成前的 DesignModeler 界面

(4) 单击 ᄽGenerate(生成)按钮，即可显示生成的几何体，如图 8-30 所示，此时可在几何体上进行其他的操作,本案例无需进行操作。

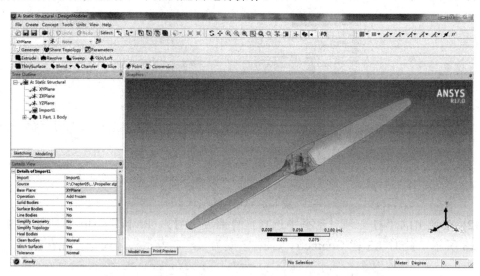

图 8-30　生成后的 DesignModeler 界面

(5) 单击 DesignModeler 界面右上角的▣(关闭)按钮,退出 DesignModeler,返回到 Workbench 主界面。

3. 添加材料库

(1) 双击项目 A 中的 A2 栏 Engineering Data 项,进入如图 8-31 所示的材料参数设置界面,在该界面下即可进行材料参数设置。

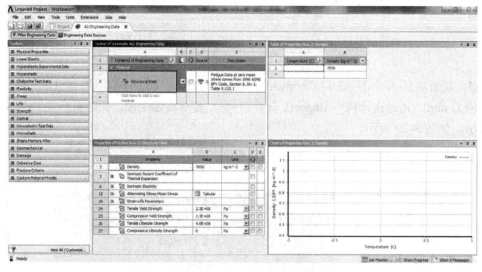

图 8-31　材料参数设置界面

(2) 在界面的空白处单击鼠标右键,在弹出的快捷菜单中选择 Engineering Data Sources(工程数据源),此时的界面会变为如图 8-32 所示的界面。原界面窗口中的 Outline of Schematic B2: Engineering Data 消失,替换为 Engineering Data Sources 及 Outline of Favorites。

第 8 章 结构线性静力分析

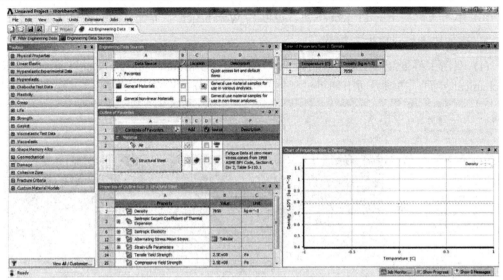

图 8-32 材料参数设置界面

(3) 在 Engineering Data Sources 表中选择 A3 栏 General Materials，然后单击 Outline of Favorites 表中 A4 栏 Aluminum Alloy(铝合金)后 B4 栏的 ➕(添加)，此时在 C4 栏中会显示 📘(使用中的)标识，如图 8-33 所示，表示材料添加成功。

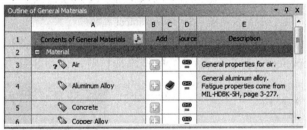

图 8-33 添加材料

(4) 同步骤(2)，在界面的空白处单击鼠标右键，在弹出的快捷菜单中选择 Engineering Data Sources(工程数据源)，返回到初始界面中。

(5) 根据实际工程材料的特性，在 Properties of Outline Row 3: Aluminum Alloy 表中可以修改材料的特性，如图 8-34 所示，本案例采用的是默认值。

	A	B	C	D	E
1	Property	Value	Unit		
2	Density	2770	kg m^-3		
3	Isotropic Secant Coefficient of Thermal Expansion				
6	Isotropic Elasticity				
12	Alternating Stress R-Ratio	Tabular			
16	Tensile Yield Strength	2.8E+08	Pa		
17	Compressive Yield Strength	2.8E+08	Pa		
18	Tensile Ultimate Strength	3.1E+08	Pa		
19	Compressive Ultimate Strength	0	Pa		

图 8-34 材料参数修改窗口

提示：用户也可以通过在 Engineering Data 窗口中自行创建新材料后再将其添加到模型库中，这在后面的讲解中会有所涉及，本案例中暂不介绍。

(6) 单击工具栏中的 Project 按钮，返回到 Workbench 主界面，材料库添加完毕。

4. 添加模型材料属性

(1) 双击主界面项目管理区项目 A 中的 A4 栏 Model 项，进入如图 8-35 所示的 Mechanical 界面，在该界面下即可进行网格的划分、分析设置、结果观察等操作。

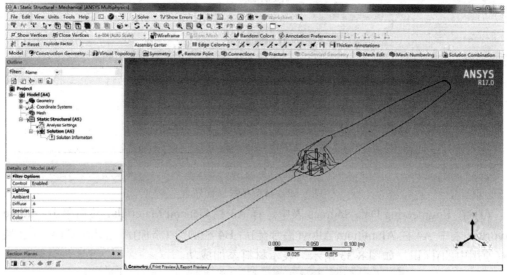

图 8-35 Mechanical 界面

(2) 选择 Mechanical 界面左侧 Outline(分析树)中 Geometry 选项下的 Propeller，此时即可在 Details of "Propeller"(参数列表)中给模型添加材料，如图 8-36 所示。

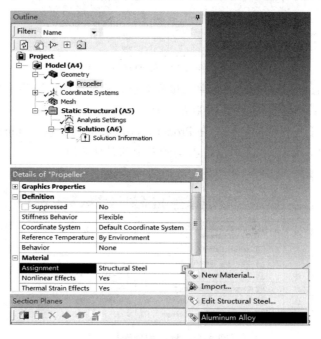

图 8-36 添加材料

(3) 单击参数列表中的 Material 下 Assignment 黄色区域后的 ▶，此时会出现刚设置的材料 Aluminun Alloy，选择即可将其添加到模型中，表示材料已经添加成功。

5. 划分网格

(1) 选择 Mechanical 界面左侧 Outline(分析树)中的 Mesh 选项，此时可在 Details of "Mesh"(参数列表)中修改网格参数。本案例中在 Sizing 中 Relevance Center 中选择 Fine，在 Element Size 中输入 5.e-003 m，其余采用默认设置。

(2) 在 Outline(分析树)中的 Mesh 选项单击鼠标右键，在弹出的快捷菜单中选择 Generate Mesh 命令，此时会弹出如图 8-37 所示的进度显示条，表示网格正在划分，当网格划分完成后，进度条自动消失，最终的网格效果如图 8-38 所示。

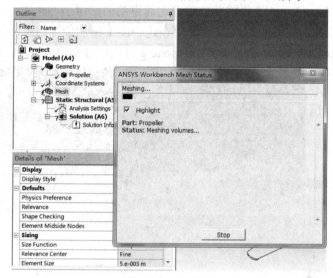

图 8-37 生成网格

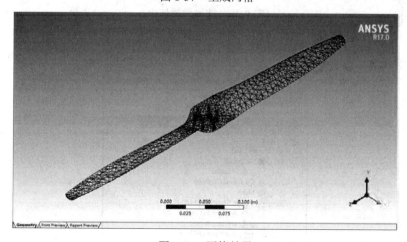

图 8-38 网格效果

6. 施加载荷与约束

(1) 选择 Mechanical 界面左侧 Outline(分析树)中的 Static Structural(A5)选项，选择 Environment 工具栏中的 Supports(约束)→Displacement(位移约束约束)命令，此时在分析树中会出现 Displacement 选项，如图 8-39 所示。

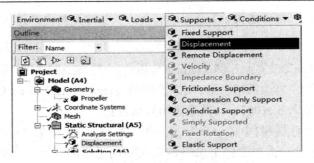

图 8-39 添加位移约束

(2) 选中 Displacement，选择需要施加固定约束的面，单击 Details of "Displacement" 中 Geometry 选项下的 Apply 按钮，即可在选中面上施加位移约束，如图 8-40 所示，同时在 X Component、Y Component、Z Component 三栏中分别输入 0，其余采用默认设置。

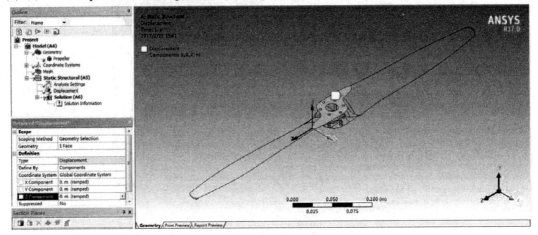

图 8-40 施加位移约束

(3) 如同操作步骤(1)，选择 Environment 工具栏中的 Inertial(惯性)→Rotational Velocity(角速度)命令，此时在分析树中会出现 Rotational Velocity 选项，如图 8-41 所示。

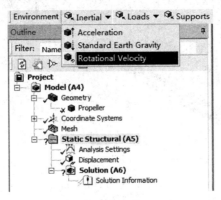

图 8-41 添加角速度载荷

(4) 如同操作步骤(3)，选中 Rotational Velocity，此时整个实体模型已被选中，单击 Details of "Rotational Velocity"(参数列表)，在 Magnitude 栏中输入 50，同时选择叶轮中心孔壁面，再单击 Geometry 选项下的 Apply 按钮，其余保持默认，确定旋转轴后，在绘图区出现一个旋转箭头，如图8-42所示。

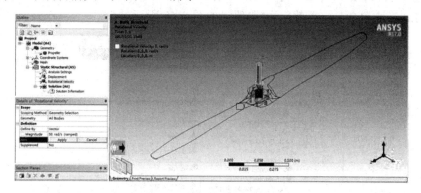

图 8-42　添加旋转速度

(5) 在 Outline(分析树)中的 Static Structural(A5)选项单击鼠标右键，在弹出的快捷菜单中选择 Solve 命令，此时会弹出进度显示条，表示正在求解，当求解完成后进度条自动消失，如图 8-43 所示。

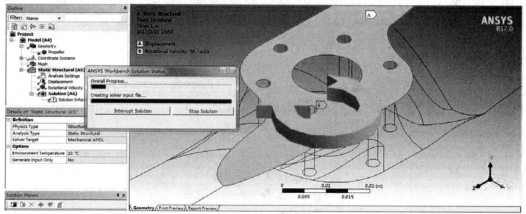

图 8-43　求解

7. 结果后处理

(1) 选择 Mechanical 界面左侧 Outline(分析树)中的 Solution(A6)选项，此时会出现如图 8-44 所示的 Solution 工具栏。

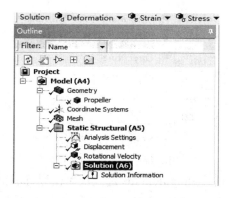

图 8-44　Solution 工具栏

(2) 选择 Solution 工具栏中的 Stress(应力)→Equivalent(von-Mises)命令，此时在分析树中会出现 Equivalent Stress(等效应力)选项，如图 8-45 所示。

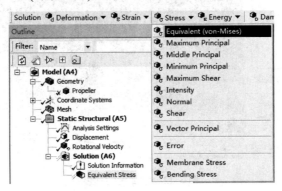

图 8-45 添加等效应力选项

(3) 如同步骤(2)，选择 Solution 工具栏中的 Strain(应变)→Equivalent(von-Mises)命令，如图 8-46 所示，此时在分析树中会出现 Equivalent Elastic Strain(等效应变)选项。

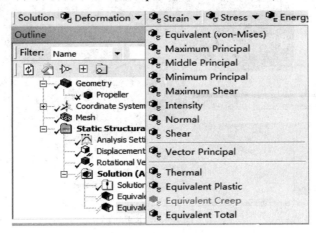

图 8-46 添加等效应变选项

(4) 如同步骤(2)，选择 Solution 工具栏中的 Deformation(变形)→Total 命令，如图 8-47 所示，此时在分析树中会出现 Total Deformation(总变形)选项。

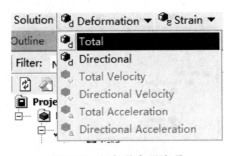

图 8-47 添加总变形选项

(5) 在 Outline(分析树)中的 Solution(A6)选项处单击鼠标右键，在弹出的快捷菜单中选择 Equivalent All Results 命令，如图 8-48 所示，此时会弹出进度显示条，表示正在求解，当求解完成后进度条自动消失。

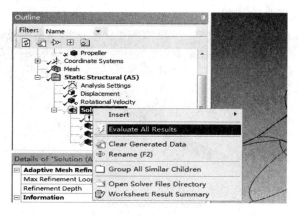

图 8-48 快捷菜单

(6) 选择 Outline(分析树)中 Solution(A6)下的 Equivalent Stress 选项,此时会出现如图 8-49 所示的应力分析云图。

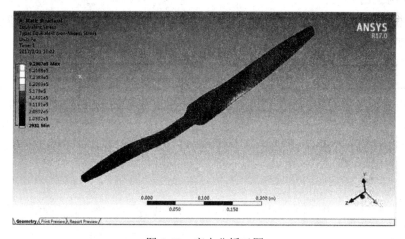

图 8-49 应力分析云图

(7) 选择 Outline(分析树)中 Solution(A6)下的 Equivalent Elastic Strain 选项,此时会出现如图 8-50 所示的应变分析云图。

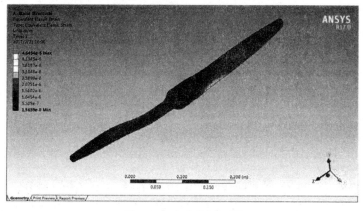

图 8-50 应变分析云图

(8) 选择 Outline(分析树)中 Solution(A6)下的 Total Deformation(总变形)，此时会出现如图 8-51 所示的总变形分析云图。

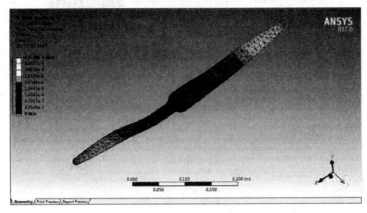

图 8-51　总变形分析云图

8．保存与退出

(1) 单击 Mechanical 界面右上角的☒(关闭)按钮，退出 Mechanical 返回到 Workbench 主界面，此时主界面中的项目管理区中显示的分析项目均已完成。

(2) 在 Workbench 主界面中单击常用工具栏中的 Save(保存)按钮，保存文件名为 Propeller-StaticStructure。

(3) 单击右上角的☒(关闭)按钮，退出 Workbench 主界面，完成项目分析。

第 9 章 动力学分析

【学习目标】
- 掌握 ANSYS Workbench 17.0 软件结构动力学分析的过程；
- 熟悉结构动力学分析与结构动力学分析的不同之处；
- 了解结构动力学分析的应用场合。

本章将对 ANSYS Workbench 17.0 软件的动力学分析模块进行求解，并通过典型应用对各种分析的一般步骤进行详细讲解，包括几何建模(外部几何数据的导入)、材料属性设置、网格设置与划分、边界条件的设定及后处理操作。

9.1 概 述

动力学分析是用来确定惯性和阻尼起重要作用时结构的动力学行为的技术，典型的动力学行为有结构的振动特性，如结构的振动和自振频率、载荷随时间变化的效应或交变载荷激励效应等。动力学分析可以模拟的物理现象包括：振动冲击、交变载荷、地震载荷、随机载荷等。

9.2 动力学分析

在结构动力学分析中，着重研究力学模型(物理模型)和数学模型。建模方法很多，一般可分为正问题建模方法和反问题建模方法。正问题建模方法所建立的模型称为分析模型(或机理模型)。在正问题建模方法中，对所研究的结构(系统)有足够的了解，这种系统称为白箱系统。我们可以把一个实际系统分为若干个元素或元件(Element)，对每个元素或元件直接应用力学原理建立方程(如平衡方程、本构方程、汉密尔顿方程等)，再考虑几何约束条件综合建立系统的数学模型。如果所取的元素是一个无限小的单元，则建立的是连续模型；如果是有限的单元或元件，则建立的是离散模型。这是传统的建模方法，也称为理论建模方法。反问题建模方法适用于对系统了解(称为黑箱系统，Black Box System)或不完全了解(称为灰箱系统，Grey Box System)的情况，它必须对系统进行动力学实验，利用系统的输入(载荷)和输出(响应，Response)数据，然后根据一定的准则建立系统的数学模型，这种方法称为实验建模方法，所建立的模型称为统计模型。

在动力平衡方程中，为了方便起见，一般将惯性力一项隔离出来，单独列出，因此通常表达式为

$$M\ddot{u} + I - P = 0 \qquad (9\text{-}1)$$

式中，M 为质量矩阵，通常是一个不随时间改变的常量；I 和 P 是与位移和速度有关的向量，而与时间的高阶导数无关。$\ddot{u}$ 是有限元分割体的加速度向量。因此系统是一个关于时间二阶导数的平衡系统，而阻尼和耗能的影响将在 I 和 P 中体现。可以定义：

$$I = Ku + C\dot{u} \qquad (9\text{-}2)$$

如果其中的刚度矩阵 K 和阻尼矩阵 C 为常数，那么系统的求解将是一个线性问题；否则将需要求解非线性系统。可见，线性动力问题的前提是假设 I 与节点位移和速度线性相关。

将式(9-2)代入式(9-1)中，则有

$$M\ddot{u} + C\dot{u} + Ku = P \qquad (9\text{-}3)$$

式中，$\dot{u}$ 是有限元分割体的速度向量。上述平衡方程是动力学中最一般的通用表达式，它适合于描述任何力学系统的特征，并且包含了所有可能的非线性影响。求解上述动力问题需要对运动方程在时域内积分，空间有限元的离散化可以把空间和时间上的偏微分基本控制方程组在某一时间上转化为一组耦合的、非线性的、普通微分方程组。

线性动力问题是建立在结构内各点的运动和变形足够小的假设基础之上的，能够满足线性叠加原理，且系统的各阶频率都是常数。因此结构系统的响应可以由每个特征向量的线性叠加而得到，通常所说的模态叠加法由此而来。

在静力分析中，结构响应与施加在结构上的载荷和边界条件有关，使用有限元方法可以求解得到应力、应变和位移在空间上的分布规律；在动力分析中，结构响应不但与载荷和边界条件有关，还和结构的初始状态有关，在时域的任何一点上都可以使用有限元方法求解空间上的应力、应变和位移，然后可以使用一些数值积分技术来求解得到时域中各个点上的响应。

某特定系统动力分析方法的选择在很大程度上依赖于是否需要详细考虑非线性的影响。如果系统是线性的，或者系统能够被合理地线性化，则最好选用模态分析的方法。因为程序对线性问题分析的效率较高，而且同时在频域和时域范围内求解将更有利于洞察系统的动力特性。

对于多自由度系统，如果考虑黏性阻尼，则其受迫振动的微分方程为

$$M\ddot{u} + C\dot{u} + Ku = f(t) \qquad (9\text{-}4)$$

解此运动方程一般有两类方法：一类是直接积分法，就是按时间历程对上述微分方程直接进行数值积分，即数值解法；另一类解法就是模态（振型）叠加法。

若已解出系统的各阶固有频率 $\omega_1, \omega_2, \cdots, \omega_n$ 和各阶主振型(模态) $\phi_1, \phi_2, \cdots, \phi_n$，并有

$$\phi_i = \{a_{1i},\ a_{2i},\ \cdots,\ a_{ni}\}^{\mathrm{T}} \qquad (9\text{-}5)$$

则由主振型的正交性可知，主振型是线性无关的。设有常数 $\xi_1, \xi_2, \cdots, \xi_n$，使

$$\sum_{i=1}^{n} \xi_i \phi_i = 0 \qquad (9\text{-}6)$$

式(9-6)两端左乘 $\phi_j^{\mathrm{T}} M$ 有

$$\sum_{i=1}^{n}\xi_i\phi_j^{\mathrm{T}}M\phi_i=0 \qquad (9\text{-}7)$$

注意到主振型关于质量阵的正交性：$\phi_j^{\mathrm{T}}M\phi_i=0$，代入式(9-7)，可推出 $\xi_1=\xi_2=\cdots=\xi_n=0$，这就证明了 $\phi_1,\phi_2,\cdots,\phi_n$ 线性无关。

于是，由线性代数理论知向量 $\phi_1,\phi_2,\cdots,\phi_n$ 构成了 n 维空间的一组向量基，因此对于 n 个自由度系统的任何振动形式(相当于任何一个 n 维矢量)，都可以表示为 n 个正交的主振型的线性组合，即

$$u=\sum_{i=1}^{n}\xi_i\phi_i \qquad (9\text{-}8)$$

式中，ξ_i 为振型阻尼参数。式(9-8)写成矩阵的形式为

$$u=\phi\xi \qquad (9\text{-}9)$$

式(9-9)就是展开定理。用模态(振型)叠加法求系统响应就是建立在展开定理的基础上。在实际问题的应用中，应注意的是系统自由度太多，而高阶模态的影响通常又很小，所以应用时在满足工程精度的前提下，只取低阶模态($N\ll n$)作为向量基，而将高阶模态截断。

根据展开定理，对方程(9-4)实行坐标变换，再对方程的两边乘以模态矩阵的转置 ϕ^{T}，得

$$\phi^{\mathrm{T}}M\phi\ddot{\xi}+\phi^{\mathrm{T}}C\phi\dot{\xi}+\phi^{\mathrm{T}}K\phi\xi+\phi^{\mathrm{T}}f(t) \qquad (9\text{-}10)$$

若系统为比例阻尼，$f(t)$ 为系统随时间 t 衰减的阻尼方程，则可利用正交条件使上述方程变为一系列相互独立的方程组：

$$\overline{M}\ddot{\xi}+\overline{C}\dot{\xi}+\overline{K}\xi=\overline{f} \qquad (9\text{-}11)$$

式中，$\overline{M}$、$\overline{C}$ 和 $\overline{K}$ 都是对角矩阵，它们的对角线元素分别如下：

$$\overline{m}_i=\phi_i^{\mathrm{T}}M\phi_i$$

$$\overline{c}_i=\phi_i^{\mathrm{T}}C\phi_i=2\xi_i\omega_i\overline{M}_i$$

$$\overline{k}_i=\phi_i^{\mathrm{T}}K\phi_i=\omega_i^2\overline{M}_i$$

$$\omega_i^2=\frac{\overline{k}_i}{\overline{m}_i} \quad (i=1,2,\cdots,n) \qquad (9\text{-}12)$$

其广义力为

$$\overline{f}_i=\phi_i^{\mathrm{T}}f(t) \qquad (9\text{-}13)$$

这样方程组(9-11)可写为

$$\overline{M}\ddot{\xi}_i+\overline{C}\dot{\xi}_i+\overline{K}\xi_i=\overline{f}_i \quad i=1,2,\cdots,n \qquad (9\text{-}14)$$

这是 n 个相互独立的单自由度系统的运动方程，每一个方程都可以按自由度系统的振动理论去求解。

如果 $\overline{f}_i$ 为任意激振力，则对于零初始条件的系统可以借助于杜哈梅积分公式求出响应，即

$$\xi_i = \int_0^t h_i(\tau)\overline{f}_i(t-\tau)\mathrm{d}\tau \qquad (9\text{-}15)$$

式中，$h_i(\tau)$ 为单位脉冲响应函数。

如果 $\overline{f}_i$ 为简谐激励，即

$$\overline{f}_i = \overline{f}_{i0}\mathrm{e}^{\mathrm{j}\omega t} \qquad (9\text{-}16)$$

则系统的稳态响应为

$$\xi_i = \xi_{i0}\mathrm{e}^{\mathrm{j}\omega t} \qquad (9\text{-}17)$$

将式(9-17)代入式(9-14)，可解得

$$\xi_i = \frac{\overline{f}_i}{\overline{k}_i - \overline{m}_i\omega^2 + \mathrm{j}\omega\overline{c}_i} \qquad (9\text{-}18)$$

或

$$\xi_i = \frac{\overline{f}_i}{\overline{k}_i(1-\lambda_i^2+\mathrm{j}2\xi_i\lambda_i)} = \frac{\overline{f}_i}{\overline{m}_i\omega_i^2(1-\lambda_i^2+\mathrm{j}2\xi_i\lambda_i)} \qquad (9\text{-}19)$$

式中，$\lambda_i = \omega/\omega_i$。在主坐标 ξ_i 解出之后，应返回到原广义坐标 u_i 上，利用式(9-9)和式(9-19)得

$$u = \sum_{i=1}^{n} \frac{\boldsymbol{\phi}_i^{\mathrm{T}}\boldsymbol{f}\boldsymbol{\phi}_i}{\overline{k}_i - \overline{m}_i\omega^2 + \mathrm{j}\omega\overline{c}_i} \qquad (9\text{-}20)$$

式(9-20)表示了多自由度系统在简谐激振力 f 作用下的稳态响应。从中可以看出激振响应除了与激振力 f 有关外，还与系统各阶主模态及表征系统动态特性的各个参数有关。

通过以上的内容可以看出，在以模态理论为基础的各种分析过程中，必须首先进行模态分析，提取结构的自然频率。自由振动方程在数学上讲就是固有（特征）值方程(Eigen-Equations)。特征值方程的解不仅给出了特征值(Eigenvalues)，即结构的自振频率和特征矢量——振型或模态(Eigenmodes)，而且还能使结构在动力载荷作用下的运动方程解耦，即所谓的振型分解法或叫振型叠加法(Modal Summation Methods)。

特征值或特征频率的提取是建立在一个无阻尼自由振动系统上的，即振动方程中没有阻尼项的影响：

$$\boldsymbol{M}\ddot{\boldsymbol{u}} + \boldsymbol{K}\boldsymbol{u} = 0 \qquad (9\text{-}21)$$

特征值和结构振动模态描述了结构在自由振动下的振动特点和频率特征。

通过使用振型分解法解得振型和频率，能够很容易地求得任何线性结构的响应。在结构动态分析中，响应通常与低阶响应有关。在实际问题中，只需要考虑前面几个振型就能获得相当精度的解。对于只有几个自由度的力学模型，只需要考虑一个或两个自由度就能求得动力响应的近似解；而对于具有几百个甚至上千个自由度的高度复杂有限元模型，就需要考虑数十个甚至上百个振型对响应的影响。

9.3 动力学分析的阻尼

结构动力学分析的阻尼是振动能量耗散的机制,可以使振动最终停止下来,阻尼大小取决于材料、运动速度和振动频率。阻尼参数在运动方程式(9-1)中由阻尼矩阵$[C]$描述,阻尼力与运动速度成比例。

动力学中常用的阻尼形式有阻尼比、α阻尼和β阻尼,其中α阻尼和β阻尼统称为瑞利阻尼(Rayleigh阻尼)。

(1) 阻尼比ε:阻尼系数与临界阻尼系数之比。临界阻尼定义为出现振荡与非振荡行为之间的临界点的阻尼值,此时阻尼比$\varepsilon=1.0$,对于单自由度系统弹簧质量系统,质量为m,频率为ω,则临界阻尼$C=2m\omega$。

(2) 瑞利阻尼(Rayleigh阻尼):包括α阻尼和β阻尼。如果质量矩阵为$[M]$,刚度矩阵为$[K]$,则瑞利阻尼矩阵为$[C]=\alpha[M]+\beta[K]$,所以α阻尼和β阻尼分别被称为质量阻尼和刚度阻尼。

阻尼比与瑞利阻尼之间的关系为

$$\varepsilon=\frac{\alpha}{2\omega}+\frac{\beta\omega}{2}$$

从此公式可以看出,质量阻尼过滤低频部分(频率越低,阻尼越大),而刚度阻尼则过滤高频部分(频率越高,阻尼越大)。

运用关系式$\varepsilon=\alpha/2\omega+\beta\omega/2$,指定两个频率$\omega_i$和$\omega_j$对应的阻尼比$\varepsilon_i$和$\varepsilon_j$,则可以计算出$\alpha$阻尼和$\beta$阻尼为

$$\begin{cases}\alpha=\dfrac{2\omega_i\omega_j}{\omega_j^2-\omega_i^2}\quad(\omega_j\varepsilon_i-\omega_i\varepsilon_j)\\ \beta=\dfrac{2}{\omega_j^2-\omega_i^2}\quad(\omega_j\varepsilon_i-\omega_i\varepsilon_j)\end{cases} \quad (9-22)$$

阻尼值量级:以α阻尼为例,$\alpha=0.5$为很小的阻尼,$\alpha=2.5$为显著的阻尼,$\alpha=5\sim10$为非常显著的阻尼,$\alpha>10$为很大的阻尼,不同阻尼情况下结构的变形可能会有较明显的差异。

9.4 动力学分析的类型

ANSYS程序可以分析大型三维柔体运动。结构动力学分析用来求解随时间变化的载荷对结构或部件的影响。与静力分析不同,动力分析要考虑随时间变化的力载荷以及它对阻尼和惯性的影响。结构动力分析研究结构在动荷载作用的响应(如位移、应力、加速度等的时间历程),以确定结构的承载能力和动力特性等。ANSYS动力分析的类型主要有以下几种:

1. 模态分析

用模态分析可以确定设计中的结构或机器部件的振动特性(固有频率和振型)，也可以作为其他更详细的动力学分析的起点，例如瞬态动力学分析、谐响应分析、谱分析。

用模态分析可以确定一个结构的固有频率和振型。固有频率和振型是承受动态荷载结构设计中的重要参数。如果要进行谱分析或模态叠加法谐响应分析或瞬态动力学分析，固有频率和振型也是必要的。

ANSYS的模态分析是线性分析，其对任何非线性特性(如塑性和接触单元)即使定义了也将忽略。模态分析可进行有预应力模态分析、大变形静力分析后有预应力模态分析、循环对称结构的模态分析、有预应力的循环对称结构的模态分析、无阻尼和有阻尼结构的模态分析。模态分析中模态的提取方法有七种，即分块兰索斯法、子空间迭代法、缩减法(或凝聚法)、PowerDynamics法、非对称法、阻尼法、QR阻尼法，缺省时采用分块兰索斯法。

2. 谐响应分析

任何持续的周期荷载将在结构中产生持续的周期响应(谐响应)。谐响应分析使设计人员能预测结构的持续动力特性，从而能够验证其设计能否成功地克服共振、疲劳及其他受迫振动引起的有害效果。谐响应分析是用于确定线性结构在承受随时间按正弦(简谐)规律变化的荷载时的稳态响应的一种技术。分析的目的是计算出结构在几种频率下的响应并得到一些响应值(通常是位移)对频率的曲线。从这些曲线上可以找到"峰值"响应，并进一步观察频率对应的应力。

这种分析技术只计算结构的稳态受迫振动。发生在激励开始时的瞬态振动不在谐响应分析中考虑。谐响应分析是一种线性分析。任何非线性特性，如塑性和接触(间隙)单元，即使被定义了也将被忽略，但在分析中可以包含非对称系统矩阵，如分析流体-结构相互作用问题。谐响应分析同样也可以分析有预应力结构，如小提琴的弦(假定简谐应力比预加的拉伸应力小得多)。

谐响应分析可以采用完全法、缩减法和模态叠加法三种方法。

3. 瞬态动力学分析

瞬态动力学分析(亦称时间历程分析)是用于确定承受任意的随时间变化的荷载的结构动力学响应的一种方法。可以用瞬态动力学分析确定结构在静荷载、瞬态荷载和简谐荷载的随意组合下随时间变化的位移、应变、应力及力。荷载和时间的相关性使得惯性力和阻尼作用比较重要，如果惯性力和阻尼力不重要，就可以用静力学分析代替瞬态动力学分析。

瞬态动力学分析可采用三种方法：完全法、缩减法和模态叠加法。完全法采用完整的系统矩阵计算瞬态响应，在三种方法中功能最强，可包括各类非线性特性(如塑性、大变形、大应变等)。缩减法通过采用主自由度和缩减矩阵而压缩问题规模，在主自由度的位移计算出来后，再将解扩展到原有的完整自由度集上。主自由度通常是节点个数的2倍。模态叠加法通过由模态分析得到的振型乘上因子并求和来计算结构的响应。

4. 谱分析

谱分析是一种将模态分析的结构与一个已知的谱联系起来计算模型的位移和应力的分析技术。它主要应用于时间历程分析，以便确定结构对随机荷载或随时间变化的荷载(如地震、风载、海洋波浪、喷气发动机推力、火箭发动机振动等)的动力响应情况。

所谓谱，就是谱值与频率的关系图，它反映出时间历程荷载的强度和频率。谱分析有三种形式：响应谱分析方法、动力设计分析方法、功率谱密度方法。

只有线性行为在谱分析中才是有效的，任何非线性单元均作为线性处理。如果含有接触单元，则其刚度始终是初始刚度；必须定义材料弹性模量和密度，材料的任何非线性将被忽略，但允许材料特性是线性、各向同性或各向异性以及随温度变化或不随温度变化。

9.5 模态分析

1. 模态分析简介

模态分析是计算结构振动特性的数值技术，结构振动特性包括固有频率和振型。模态分析是最基本的动力学分析，也是其他动力学分析的基础，如谐响应分析、随机振动分析等都需要在模态分析的基础上进行。

模态分析是最简单的动力学分析，但有非常广泛的实用价值。模态分析可以帮助设计人员确定结构的固有频率和振型，从而使结构设计避免共振，并指导工程师预测出不同载荷作用下结构的振动形式。

此外，模态分析还有助于估算其他动力学分析参数。例如，瞬态动力学分析中为了保证动力响应的计算精度，通常要求在结构的一个自振周期有不少于 25 个计算点，模态分析可以确定结构的自振周期，从而帮助分析人员确定合理的瞬态分析时间步长。

2. 模态分析基础

模态分析实际上就是进行特征值和特征向量的求解，也称为模态提取。模态分析中材料的弹性模量、泊松比及材料密度是必须定义的。

无阻尼模态分析是经典的特征值问题，动力学问题的运动方程为

$$[M]\{x\}'' + [K]\{x\} = \{0\} \tag{9-23}$$

结构的自由振动为简谐振动，即位移为正弦函数：

$$x = x\sin(\omega t) \tag{9-24}$$

代入式(9-23)得

$$[M] - \omega^2[M]\{x\} = \{0\} \tag{9-25}$$

式(9-24)为经典的特征值问题，此方程的特征值为 ω_i^2，其开方 ω_i 就是自振圆频率，自振频率为 $f = \dfrac{\omega_i}{2\pi}$。

特征值 ω_i 对应的特征向量 $\{x\}_i$ 为自振频率 $f = \dfrac{\omega_i}{2\pi}$ 对应的振型。

3. 预应力模态分析

结构中的应力可能会导致结构刚度的变化，这方面的典型例子是琴弦，我们都有这样的经验，张紧的琴弦比松弛的琴弦声音要尖锐，这是因为张紧的琴弦刚度更大，从而导致

自振频率更高的缘故。

涡轮叶片在转速很高的情况下，由于离心力产生的预应力的作用，其自振频率有增大的趋势，如果转速高到这种变化已经不能被忽略的程度，则需要考虑预应力对刚度的影响。

预应力模态分析用于分析含预应力结构的自振频率和振型。虽然预应力模态分析和常规模态分析类似，但是需要考虑载荷产生的应力对结构刚度的影响。

9.6 模态分析案例

本节主要介绍 ANSYS Workbench 17.0 的模态分析模块，分析方杆的自振频率特性，从而熟练掌握 ANSYS Workbench 模态分析的方法及过程。

1. 启动 Workbench 并建立分析项目

(1) 在 Windows 系统下执行"开始"→"所有程序"→ANSYS 17.0→Workbench 17.0 命令，启动 ANSYS Workbench 17.0，进入主界面。

(2) 双击主界面 Toolbox(工具箱)中的 Analysis Systems→Modal(模态分析)选项，即可在 Project Schematic(项目管理区)创建分析项目 A，如图 9-1 示。

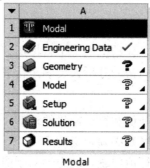

图 9-1 创建分析项目 A

2. 导入创建几何体

(1) 在 A3 栏的 Geometry 上点击鼠标右键，在弹出的快捷菜单中选择 Import Geometry→Browse 命令，如图 9-2 所示，此时会弹出"打开"对话框。

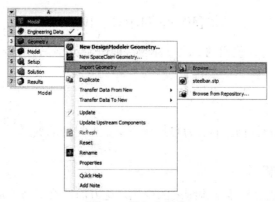

图 9-2 导入几何体

(2) 在弹出的"打开"对话框中选择文件路径,导入 model.stp 几何体文件,如图 9-3 所示,此时 A3 栏 Geometry 后的 ? 变为 ✓,表示实体模型已经存在。

图 9-3 "打开"对话框

(3) 双击项目 A 中的 A3 栏 Geometry,此时会进入到 DesignModeler 界面,在 Unit 菜单下设置单位为 mm,此时设计树中 Import1 前显示 ⚡,表示需要生成,图形窗口中没有图形显示,如图 9-4 所示。

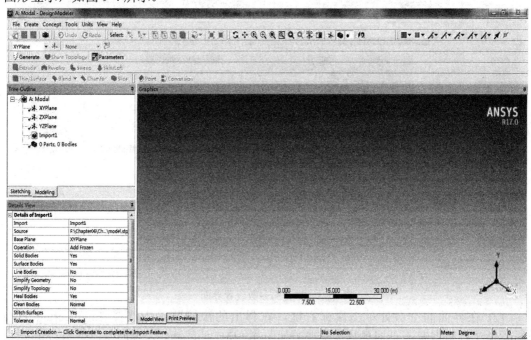

图 9-4 生成前的 DesignModeler 界面

(4) 单击 ⚡Generate(生成)按钮,即可显示生成的几何体,如图 9-5 所示,此时可在几何体上进行其他的操作,本例无需进行操作。

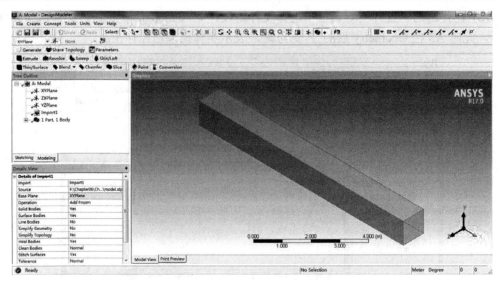

图 9-5　生成后的 DesignModeler 界面

(5) 单击 DesignModeler 界面右上角的▣(关闭)按钮，退出 DesignModeler，返回到 Workbench 主界面。

3. 添加材料库

(1) 双击项目 A 中的 A2 栏 Engineering Data 项，进入如图 9-6 所示的材料参数设置界面，在该界面下即可进行材料参数设置。

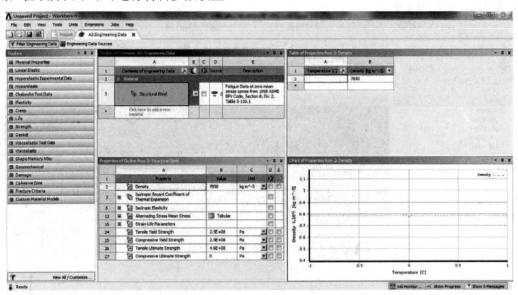

图 9-6　材料参数设置界面

(2) 在界面的空白处单击鼠标右键，在弹出的快捷菜单中选择 Engineering Data Sources(工程数据源)，此时的界面会变为如图 9-7 所示的界面。原界面窗口中的 Outline of Schematic B2: Engineering Data 消失，替换为 Engineering Data Sources 及 Outline of Favorites。

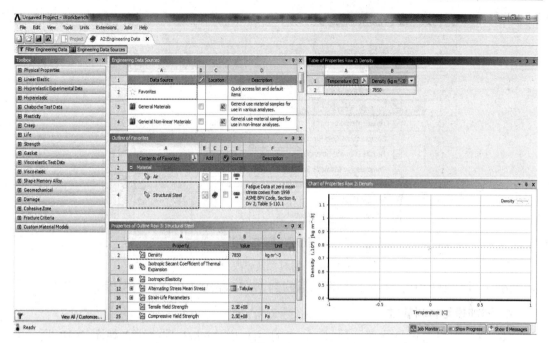

图 9-7 材料参数设置界面

(3) 在 Engineering Data Sources 表中选择 A3 栏 General Materials，然后单击 Outline of Favorites 表中 A12 栏 Stainless Steel(不锈钢)后 B12 栏的 ➕ (添加)，此时在 C12 栏中会显示 📖(使用中的)标识，如图 9-8 所示，表示材料添加成功。

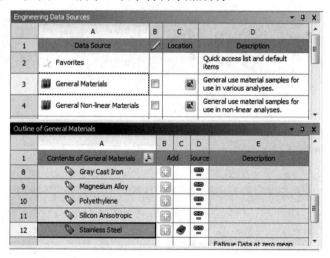

图 9-8 添加材料

(4) 同步骤(2)，在界面的空白处单击鼠标右键，在弹出的快捷菜单中选择 Engineering Data Sources(工程数据源)，返回到初始界面中。

(5) 根据实际工程材料的特性，在 Properties of Outline Row 3: Stainless Steel 表中可以修改材料的特性，如图 9-9 所示，本案例采用的是默认值。

提示：用户也可以在 Engineering Data 窗口中自行创建新材料后将其添加到模型库中，这在后面的讲解中会有所涉及，本案例暂不介绍。

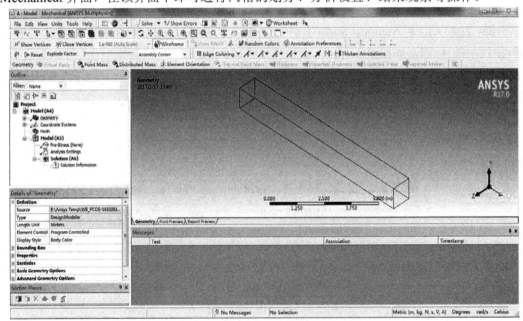

图9-9　材料参数修改窗口

(6) 单击工具栏中的Project按钮，返回到Workbench主界面，材料库添加完毕。

4. 添加模型材料属性

(1) 双击主界面项目管理区项目A中的A4栏Model项，进入如图9-10所示的Mechanical界面，在该界面下即可进行网格的划分、分析设置、结果观察等操作。

图9-10　Mechanical界面

(2) 选择Mechanical界面左侧Outline(分析树)中Geometry选项下的1，此时即可在Details of "1"(参数列表)中给模型添加材料，如图9-11所示。

(3) 单击参数列表中Material下Assignment黄色区域后的 ▶，此时会出现刚刚设置的材料Structural Steel，选择即可将其添加到模型中去，此时分析树Geometry前的 ? 变为 ✓，如图9-12所示，表示材料已经添加成功。

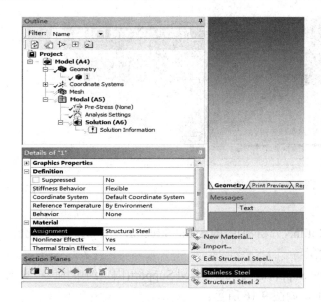
图 9-11 添加材料

图 9-12 添加材料后的分析树

5. 划分网格

(1) 选择 Mechanical 界面左侧 Outline(分析树)中的 Mesh 选项,此时可在 Details of "Mesh"(参数列表)中修改网格参数。本案例中在 Sizing 中 Element Size 中设置为 0.1 m,其余采用默认设置。

(2) 在 Outline(分析树)中的 Mesh 选项单击鼠标右键,在弹出的快捷菜单中选择 Generate Mesh 命令,此时会弹出如图 9-13 所示的进度显示条,表示网格正在划分,当网格划分完成后,进度条自动消失,最终的网格效果如图 9-14 所示。

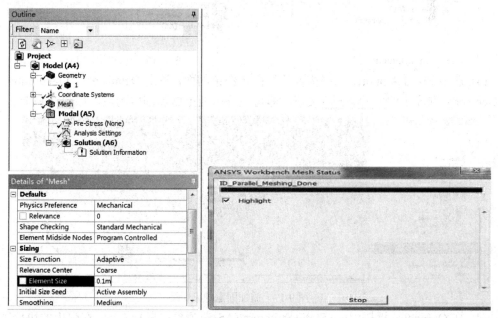
图 9-13 生成网格

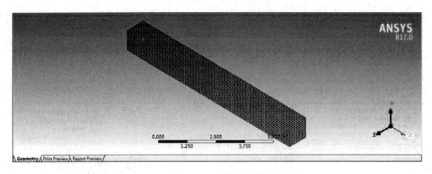

图 9-14 网格效果

6. 施加载荷与约束

(1) 选择 Mechanical 界面左侧 Outline(分析树)中的 Static Structural(A5)选项,此时会出现图 9-15 所示的 Environment 工具栏。

(2) 选择 Environment 工具栏中的 Supports(约束)→Fixed Support(固定约束)命令,此时在分析树中会出现 Fixed Support 选项,如图 9-16 所示。

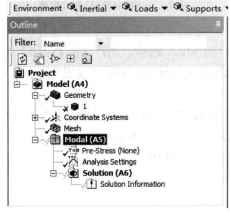

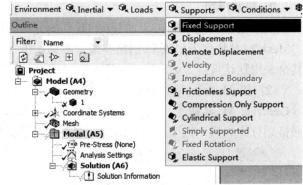

图 9-15　Environment 工具栏　　　　　　图 9-16　添加固定约束

(3) 选中 Fixed Support,选择需要施加固定约束的面,单击 Details of "Fixed Support"中 Geometry 选项下的 Apply 按钮,即可在选中面上施加固定约束,如图 9-17 所示。

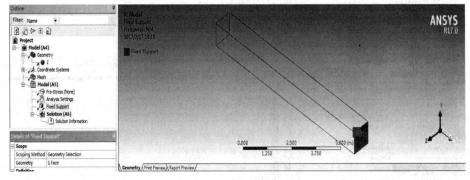

图 9-17　施加固定约束

(4) 在 Outline(分析树)中的 Static Structural(A5)选项单击鼠标右键,在弹出的快捷菜单中选择 Solve(F5)命令,此时会弹出进度显示条,表示正在求解,当求解完成后进度条自动消失,如图 9-18 所示。

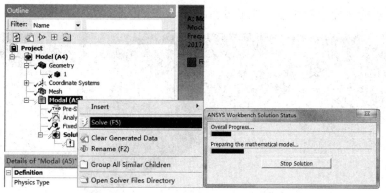

图 9-18　求解

7. 结果后处理

(1) 选择 Mechanical 界面左侧 Outline(分析树)中的 Solution(A6)选项,此时会出现如图 9-19 所示的 Solution 工具栏。

(2) 选择 Solution 工具栏中的 Deformation(变形)→Total 命令,如图 9-20 所示,此时在分析树中会出现 Total Deformation(总变形)选项。

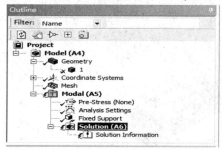

图 9-19　Solution 工具栏

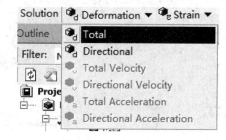

图 9-20　添加总变形选项

(3) 在 Outline(分析树)中的 Solution(A6)选项单击鼠标右键,在弹出的快捷菜单中选择 Equivalent All Results 命令,如图 9-21 所示,此时会弹出进度显示条,表示正在求解,当求解完成后进度条自动消失。

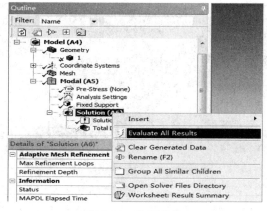

图 9-21　快捷菜单

(4) 选择 Outline(分析树)中 Solution(A6)下的 Total Deformation(总变形)，此时会出现如图 9-22 所示的方杆一阶模态总变形分析云图。

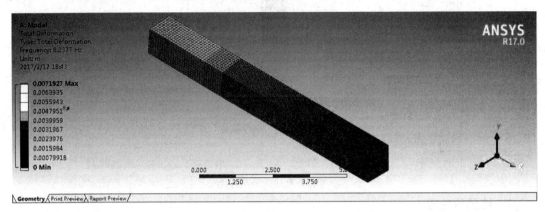

图 9-22　方杆一阶模态总变形分析云图

(5) 图 9-23 所示为方杆二阶变形云图。

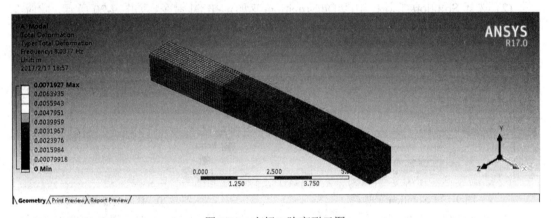

图 9-23　方杆二阶变形云图

(6) 图 9-24 所示为方杆三阶变形云图。

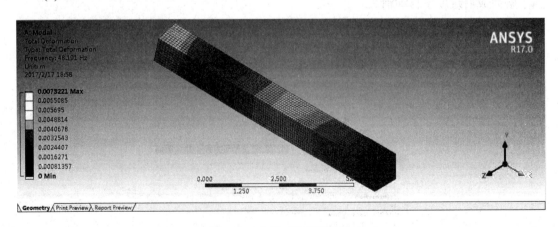

图 9-24　方杆三阶变形云图

(7) 图 9-25 所示为方杆四阶变形云图。

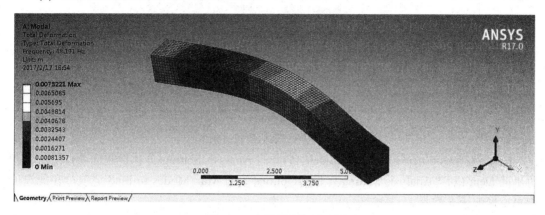

图 9-25　方杆四阶变形云图

(8) 图 9-26 所示为方杆五阶变形云图。

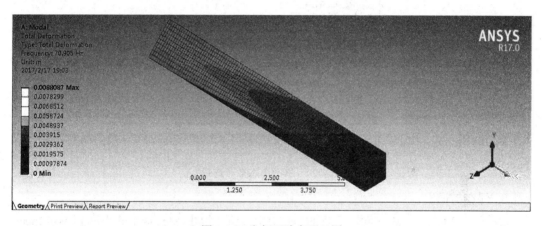

图 9-26　方杆五阶变形云图

(9) 图 9-27 所示为方杆六阶变形云图。

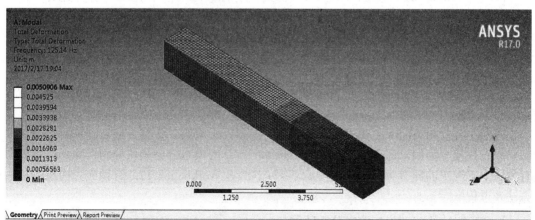

图 9-27　方杆六阶变形云图

(10) 图 9-28 所示为方杆前六阶模态频率,Workbench 模态计算时的默认模态数量为 6。

Mode	Frequency [Hz]
1.	8.0377
2.	8.0377
3.	48.191
4.	48.191
5.	70.905
6.	125.14

图 9-28　方杆前六阶模态频率

(11) 选择 Outline(分析树)中 Modal(A5)下的 Analysis Setting(分析设置选项),在图 9-29 所示的 Detail of "Analysis Setting"下的 Options 中有 Max Modes to Find 选项,在此选项中可以修改模态数量。

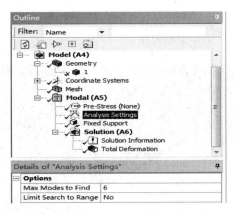

图 9-29　修改模态数量选项

8. 保存与退出

(1) 单击 Mechanical 界面右上角的▨(关闭)按钮,退出 Mechanical 返回到 Workbench 主界面,此时主界面中的项目管理区中显示的分析项目均已完成。

(2) 在 Workbench 主界面中单击常用工具栏中的 Save(保存)按钮,保存包含有分析结果的文件。

(3) 单击右上角的▨(关闭)按钮,退出 Workbench 主界面,完成项目分析。

9.7　有预应力模态分析案例

本节主要介绍 ANSYS Workbench 17.0 的模态分析模块,计算方杆在有预应力下的模态。以方杆模型为例,通过 ANSYS Workbench 17.0 的模态分析模块分别计算同一零件在有预应力工况下的固有频率,从而熟练掌握 ANSYS Workbench 17.0 有预应力模态分析的方法及过程。

1. 启动 Workbench 并建立分析项目

(1) 在 Windows 系统下执行"开始"→"所有程序"→ANSYS 17.0→Workbench 17.0

命令，启动 ANSYS Workbench 17.0，进入主界面。

(2) 双击主界面 Toolbox(工具箱)中的 Custom Systems→Pre-Stress Modal(预应力模态分析)选项，即可在 Project Schematic(项目管理区)同时创建分析项目 A(静力分析)及项目 B(模态分析)，如图 9-30 示。

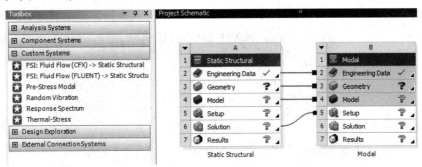

图 9-30　创建分析项目 A 及项目 B

2. 导入创建几何体

(1) 在 A3 栏的 Geometry 上点击鼠标右键，在弹出的快捷菜单中选择 Import Geometry→Browse 命令，如图 9-31 所示，此时会弹出"打开"对话框。

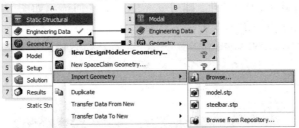

图 9-31　导入几何体

(2) 在弹出的"打开"对话框中选择文件路径，导入 model.stp 几何体文件，如图 9-32 所示，此时 A3 栏 Geometry 后的 ❓ 变为 ✓，表示实体模型已经存在。

图 9-32　"打开"对话框

(3) 双击项目 A 中的 A3 栏 Geometry，此时会进入 DesignModeler 界面，在 Unit 菜单

下设置单位为 mm，此时设计树中 Import1 前显示 ，表示需要生成，图形窗口中没有图形显示，如图 9-33 所示。

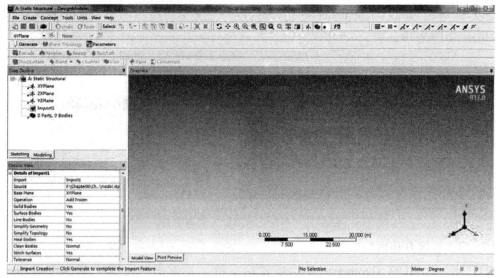

图 9-33　生成前的 DesignModeler 界面

（4）单击 Generate(生成)按钮，即可显示生成的几何体，如图 9-34 所示，此时可在几何体上进行其他的操作，本案例无需进行操作。

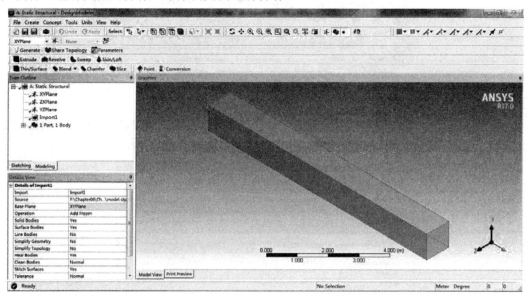

图 9-34　生成后的 DesignModeler 界面

（5）单击 DesignModeler 界面右上角的 (关闭)按钮，退出 DesignModeler，返回到 Workbench 主界面。

3．添加材料库

（1）双击项目 A 中的 A2 栏 Engineering Data 项，进入如图 9-35 所示的材料参数设置界面，在该界面下即可进行材料参数设置。

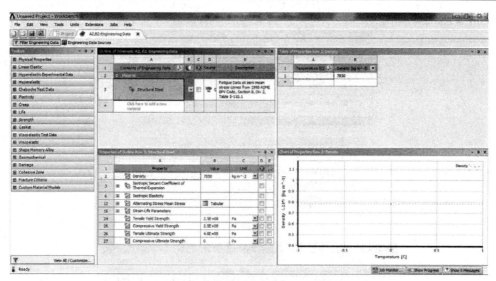

图 9-35 材料参数设置界面

(2) 在界面的空白处单击鼠标右键,在弹出的快捷菜单中选择 Engineering Data Sources(工程数据源),此时的界面会变为如图 9-36 所示的界面。原界面窗口中的 Outline of Schematic B2: Engineering Data 消失,替换为 Engineering Data Sources 及 Outline of Favorites。

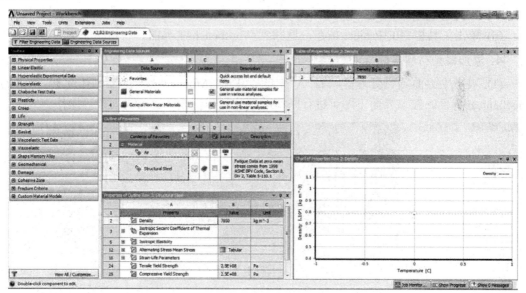

图 9-36 材料参数设置界面

(3) 在 Engineering Data Sources 表中选择 A3 栏 General Materials,然后单击 Outline of Favorites 表中 A12 栏 Stainless Steel(不锈钢)后 B12 栏的 (添加),此时在 C12 栏中会显示 (使用中的)标识,如图 9-37 所示,表示材料添加成功。

(4) 同步骤(2),在界面的空白处单击鼠标右键,在弹出的快捷菜单中选择 Engineering Data Sources(工程数据源),返回到初始界面中。

(5) 根据实际工程材料的特性,在 Properties of Outline Row 3: Stainless Steel 表中可以

修改材料的特性，如图 9-38 所示，本案例采用的是默认值。

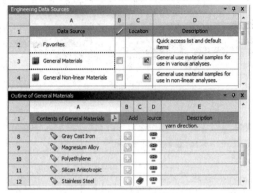

图 9-37　添加材料

图 9-38　材料参数修改窗口

(6) 单击工具栏中的 Project 按钮，返回到 Workbench 主界面，材料库添加完毕。

4．添加模型材料属性

(1) 双击主界面项目管理区项目 A 中的 A4 栏 Model 项，进入如图 9-39 所示的 Mechanical 界面，在该界面下即可进行网格的划分、分析设置、结果观察等操作。

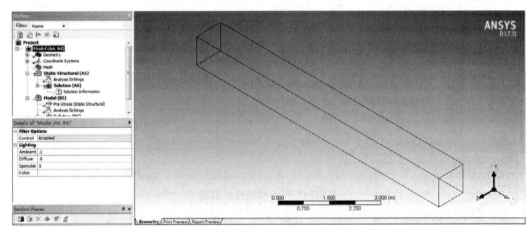

图 9-39　Mechanical 界面

(2) 选择 Mechanical 界面左侧 Outline(分析树)中 Geometry 选项下的 1，此时即可在 Details of "1" (参数列表)中给模型添加材料，如图 9-40 所示。

(3) 单击参数列表中 Material 下 Assignment 黄色区域后的 ，此时会出现刚刚设置的材料 Structural Steel，选择即可将其添加到模型中去，此时分析树 Geometry 前的?变为✓，如图 9-41 所示，表示材料已经添加成功。

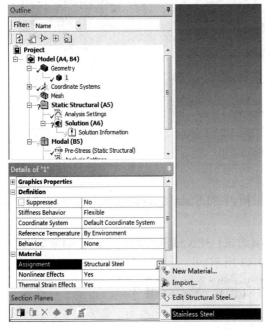

图 9-40　添加材料

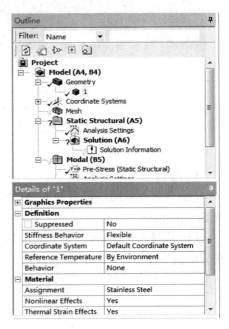

图 9-41　添加材料后的分析树

5. 划分网格

(1) 选择 Mechanical 界面左侧 Outline(分析树)中的 Mesh 选项，此时可在 Details of "Mesh"(参数列表)中修改网格参数。本案例中在 Sizing 的 Element Size 中设置为 0.1 m，其余采用默认设置。

(2) 在 Outline(分析树)中的 Mesh 选项单击鼠标右键，在弹出的快捷菜单中选择 Generate Mesh 命令，此时会弹出如图 9-42 所示的进度显示条，表示网格正在划分，当网格划分完成后，进度条自动消失，最终的网格效果如图 9-43 所示。

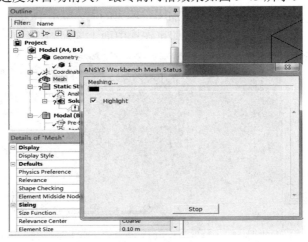

图 9-42　生成网格

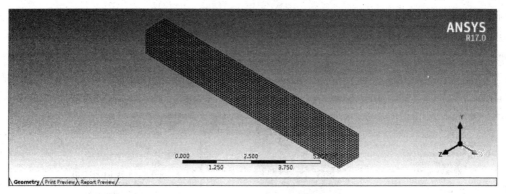

图 9-43　网格效果

6. 施加载荷与约束

(1) 选择 Mechanical 界面左侧 Outline(分析树)中的 Static Structural(A5)选项，此时会出现 Environment 工具栏。

(2) 选择 Environment 工具栏中的 Supports(约束)→Fixed Support(固定约束)命令，此时在分析树中会出现 Fixed Support 选项，如图 9-44 所示。

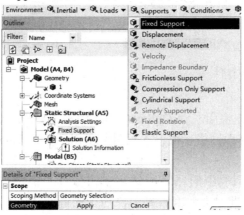

图 9-44　添加固定约束

(3) 选中 Fixed Support，选择需要施加固定约束的面，单击 Details of "Fixed Support" 中 Geometry 选项下的 Apply 按钮，即可在选中面上施加固定约束，如图 9-45 所示。

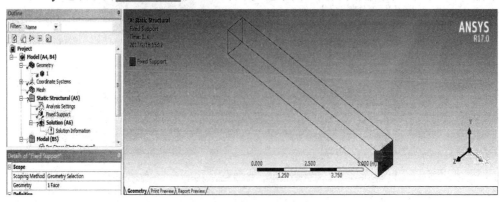

图 9-45　施加固定约束

(4) 选择 Environment 工具栏中的 Load(载荷)→Force(力载荷)命令,此时在分析树中会出现 Force 选项,如图 9-46 所示。

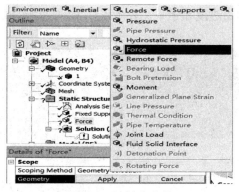

图 9-46 添加力载荷

(5) 选中 Force,选择需要施加固定约束的面,单击 Details of "Force" 中 Geometry 选项下的 Apply 按钮,即可在选中面上施加固定约束,如图 9-47 所示,在 Magnitude 栏中输入 1.e+007 N,其余设置默认即可。

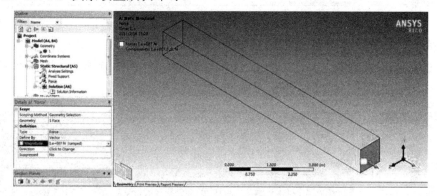

图 9-47 施加力载荷

(6) 在 Outline(分析树)中的 Static Structural(A5)选项单击鼠标右键,在弹出的快捷菜单中选择 Solve 命令,此时会弹出进度显示条,表示正在求解,当求解完成后进度条自动消失,如图 9-48 所示。

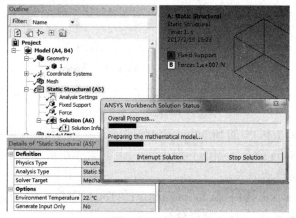

图 9-48 求解

7. 模态分析

在 Outline(分析树)中的 Modal(B5)选项单击鼠标右键，在弹出的快捷菜单中选择 Solve 命令，此时会弹出进度显示条，表示正在求解，当求解完成后进度条自动消失，如图 9-49 所示。

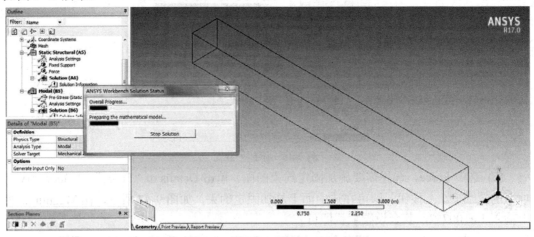

图 9-49 求解

8. 结果后处理

(1) 选择 Solution(B6)工具栏中的 Deformation(变形)→Total 命令，如图 9-50 所示，此时在分析树中会出现 Total Deformation(总变形)选项。

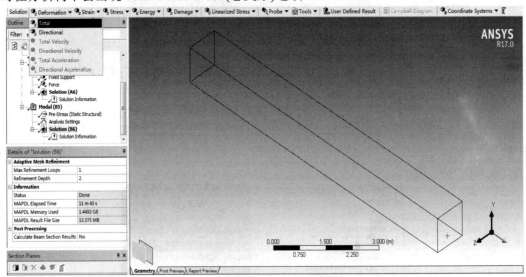

图 9-50 添加总变形选项

(2) 在 Outline(分析树)中的 Solution(B6)选项单击鼠标右键，在弹出的快捷菜单中选择 Equivalent All Results 命令，如图 9-51 所示，此时会弹出进度显示条，表示正在求解，当求解完成后进度条自动消失。

(3) 选择 Outline(分析树)中 Solution(A6)下的 Total Deformation(总变形)，此时会出现如图 9-52 所示的方杆一阶模态总变形分析云图。

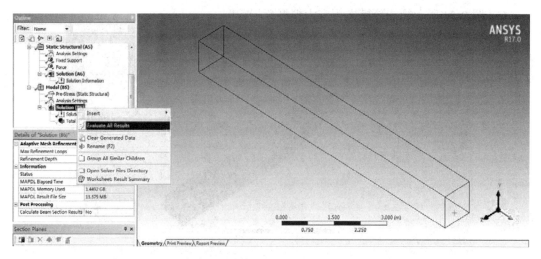

图 9-51　快捷菜单

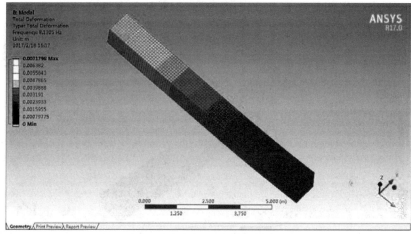

图 9-52　方杆一阶预应力振型

(4) 图 9-53 所示为二阶模态预应力振型分析云图。

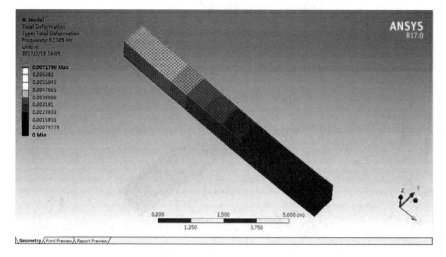

图 9-53　二阶预应力振型

(5) 图 9-54 所示为三阶模态预应力振型分析云图。

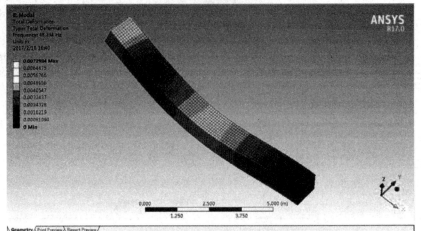

图 9-54 三阶预应力振型

(6) 图 9-55 所示为四阶模态预应力振型分析云图。

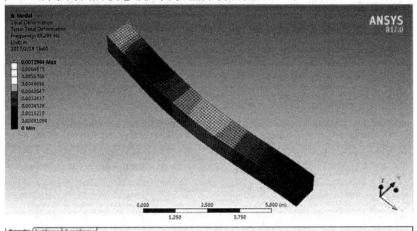

图 9-55 四阶预应力振型

(7) 图 9-56 所示为五阶模态预应力振型分析云图。

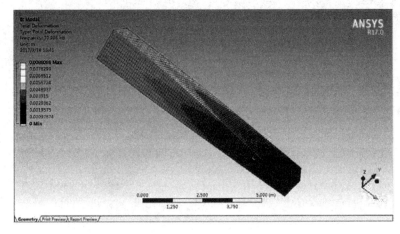

图 9-56 五阶预应力振型

(8) 图 9-57 所示为六阶模态预应力振型分析云图。

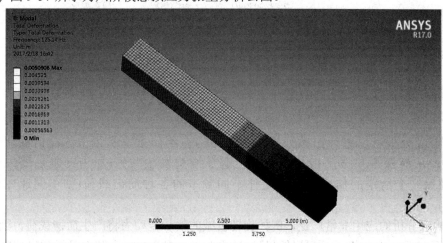

图 9-57　六阶预应力振型

(9) 图 9-58 所示为方杆前六阶模态频率，Workbench 模态计算时的默认模态数量为 6。

Mode	Frequency [Hz]
1.	8.1305
2.	8.1305
3.	48.294
4.	48.294
5.	70.908
6.	125.14

图 9-58　方杆前六阶模态频率

9. 保存与退出

(1) 单击 Mechanical 界面右上角的 (关闭)按钮，退出 Mechanical 返回到 Workbench 主界面，此时主界面中的项目管理区中显示的分析项目均已完成。

(2) 在 Workbench 主界面中单击常用工具栏中的 Save(保存)按钮，保存包含有分析结果的文件。

(3) 单击右上角的 (关闭)按钮，退出 Workbench 主界面，完成项目分析。

9.8　谐响应分析

1. 谐响应分析简介

谐响应也称为频率响应分析或者扫描分析，用于确定结构在已知频率和幅值的正弦载荷的作用下的稳态响应。

如图 9-59 所示，谐响应分析是一种时域分析，用于计算结构响应的时间历程，但局限于载荷是简谐变化的情况，只计算结构的稳态受迫振动，而不考虑激励开始时的瞬态振动。

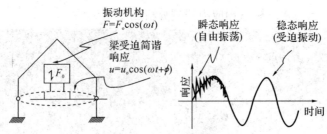

图 9-59 谐响应分析

谐响应分析可以进行扫频分析,分析结构在不同频率和幅值的简谐载荷作用下的响应,从而探测共振,指导设计人员避免结构发生共振(如借助阻尼器来避免共振),确保一个给定的结构能够经受住不同频率的各种简谐载荷(如不同速度转动的发动机)。

谐响应分析的应用非常广泛,例如旋转机械的偏心转动力将产生简谐载荷,因此旋转设备(如压缩机、发动机、泵、涡轮机械等)的支座、固定装置和部件等经常需要应用谐响应分析来分析它们在各种不同频率和幅值的偏心简谐载荷作用下的刚强度。另外,流体的漩涡运动也会产生简谐载荷,谐响应分析也经常被用于分析受涡流影响的结构,如涡轮叶片、飞机机翼、桥、塔等。

2. 谐响应分析的载荷

谐响应分析的载荷是随时间正弦变化的简谐载荷,这种类型的载荷可以用频率和幅值来描述。谐响应分析可以同时计算一系列不同频率和幅值的载荷引起的结构的响应,这就是所谓的频率扫描(扫频)分析。

简谐载荷可以是加速度或者力,载荷可以作用于指定节点或者基础(所有约束节点),而且同时作用的多个激励载荷可以有不同的频率以及相位。

简谐载荷有两种描述方法,一种方法是采用频率、幅值、相位角来描述,另一种描述方法是通过频率、实部和虚部来描述。

谐响应分析的计算结果包括结构任意点的位移或应力的实部、虚部、幅值以及等值图,实部和虚部反映了结构响应的相位角,如果定义了非零的阻尼,则响应会与输入载荷之间有相位差。

3. 谐响应分析的目的

谐响应分析用于确定线性结构在承受随时间按正弦(简谐)规律变化的载荷时的稳态响应,分析过程中只计算结构的稳态受迫振动,不考虑激振开始时的瞬态振动。谐响应分析的目的在于计算出结构在几种频率下的响应值(通常是位移)对频率的曲线,从而使设计人员能预测结构的持续性动力特性,验证设计是否能克服共振、疲劳以及其他受迫振动引起的有害效果。

9.9 底座架谐响应分析案例

有一底座架模型,计算底座架模型在受到频率为 10 Hz、载荷为 10 N 作用力时的响应。

1. 启动 Workbench 并建立分析项目

(1) 在 Windows 系统下执行"开始"→"所有程序"→ANSYS 17.0→Workbench 17.0 命令，启动 ANSYS Workbench 17.0，进入主界面。

(2) 双击主界面 Toolbox(工具箱)中的 Component Systems→Geometry 命令，此时会在工程管理窗口中出现项目 A(Geometry)，如图 9-60 所示，双击 A2(Geometry)，在弹出的快捷菜单中选择 Import Geometry→Browse 命令。

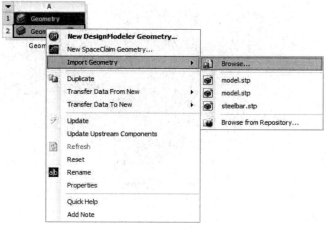

图 9-60　快捷菜单

(3) 在弹出的"打开"对话框中选择文件路径，导入 dizuojia.SLDPRT 几何体文件，此时 A2 栏 Geometry 后的 ? 变为 ✓，表示实体模型已经存在。

(4) 双击项目 A 中的 A2 栏 Geometry，此时会进入到 DesignModeler 界面，在 Unit 菜单下设置单位为 mm，此时设计树中 Import1 前显示 ⚡，表示需要生成，图形窗口中没有图形显示，如图 9-61 所示。

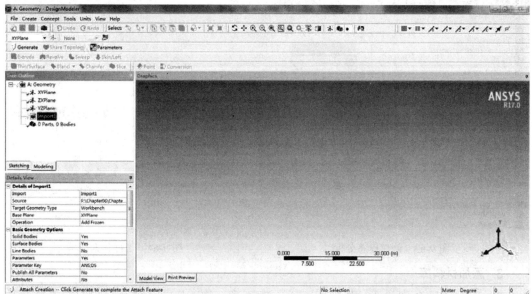

图 9-61　生成前的 Design Modeler 界面

(5) 单击 ✏ Generate(生成)按钮，即可显示生成的几何体，如图 9-62 所示，此时导入的几何文件将被加载。

(6) 单击 DesignModeler 界面右上角的 ⊠(关闭)按钮，退出 DesignModeler，返回到 Workbench 主界面。

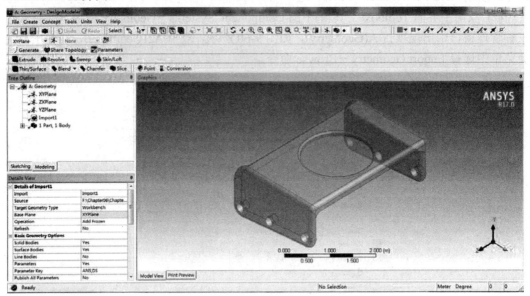

图 9-62 生成后的 Design Modeler 界面

2. 创建模态分析项目

(1) 如图 9-63 所示，将 Toolbox(工具箱)中的 Modal(模态分析)命令直接拖曳到项目 A(几何)的 A2(Geometry)中。

(2) 如图 9-64 所示，此时项目 A 的几何数据共享在项目 B 中。

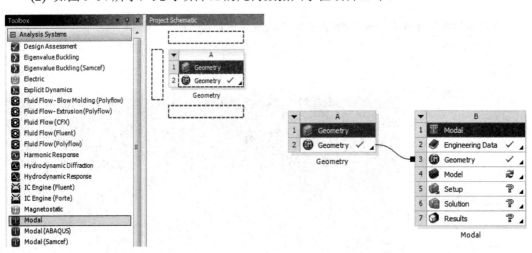

图 9-63 创建模态分析　　　　　　图 9-64 工程数据共享

3. 添加材料库

(1) 双击项目 B 中的 A2 栏 Engineering Data 项，进入如图 9-65 所示的材料参数设置界面，在该界面下即可进行材料参数设置。

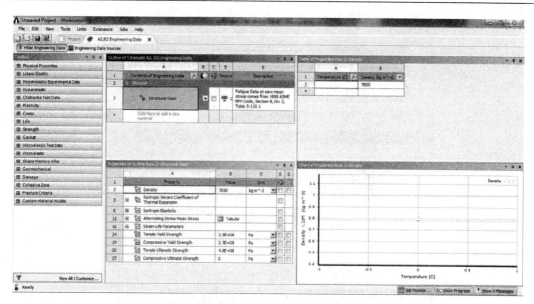

图 9-65 材料参数设置界面

(2) 在界面的空白处单击鼠标右键,在弹出的快捷菜单中选择 Engineering Data Sources(工程数据源),此时的界面会变为如图 9-66 所示的界面。原界面窗口中的 Outline of Schematic B2: Engineering Data 消失,替换为 Engineering Data Sources 及 Outline of Favorites。

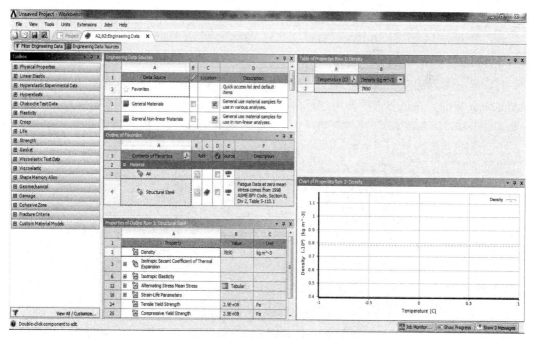

图 9-66 材料参数设置界面

(3) 在 Engineering Data Sources 表中选择 A3 栏 General Materials,然后单击 Outline of Favorites 表中 A4 栏 Aluminum Alloy 材料后 B4 栏的 ➕(添加),此时在 C4 栏中会显示 📖(使用中的)标识,如图 9-67 所示,表示材料添加成功。

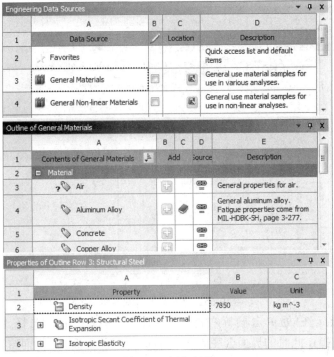

图 9-67 添加材料

(4) 同步骤(2)，在界面的空白处单击鼠标右键，在弹出的快捷菜单中选择 Engineering Data Sources(工程数据源)，返回到初始界面中。

(5) 单击工具栏中的 Project 按钮，返回到 Workbench 主界面，材料库添加完毕。

4．添加模型材料属性

(1) 双击主界面项目管理区项目 B 中的 B4 栏 Model 项，进入如图 9-68 所示的 Mechanical 界面，在该界面下即可进行网格的划分、分析设置、结果观察等操作。

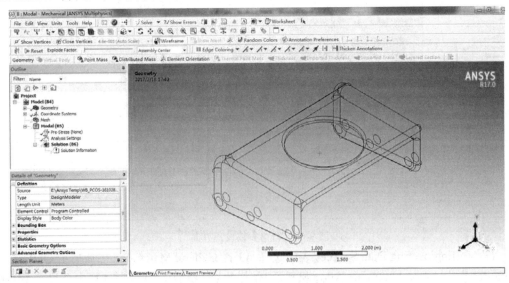

图 9-68 Mechanical 界面

(2) 选择 Mechanical 界面左侧 Outline(分析树)中 Geometry 选项下的 part1，此时即可在 Details of "part11"(参数列表)中给模型添加材料，如图 9-69 所示。

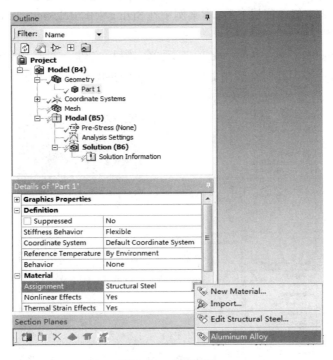

图 9-69 添加材料

(3) 单击参数列表中 Material 下 Assignment 黄色区域后的 ▶，此时会出现刚刚设置的材料 Aluminum Alloy，选择即可将其添加到模型中去，此时分析树 Geometry 前的 ? 变为 ✓，如图 9-70 所示，表示材料已经添加成功。

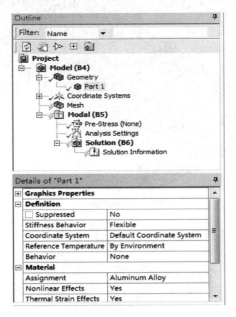

图 9-70 添加材料后的分析树

5. 划分网格

(1) 选择 Mechanical 界面左侧 Outline(分析树)中的 Mesh 选项，此时可在 Details of "Mesh"(参数列表)中修改网格参数。本案例中在 Sizing 中的 Relevant Center 中选择其 Fine，其余采用默认设置。

(2) 在 Outline(分析树)中的 Mesh 选项单击鼠标右键，在弹出的快捷菜单中选择 Generate Mesh 命令，此时会弹出如图 9-71 所示的进度显示条，表示网格正在划分，当网格划分完成后，进度条自动消失，最终的网格效果如图 9-72 所示。

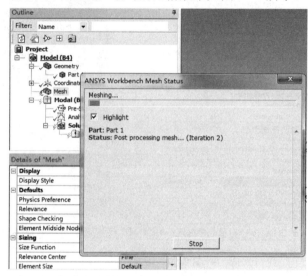

图 9-71 生成网格

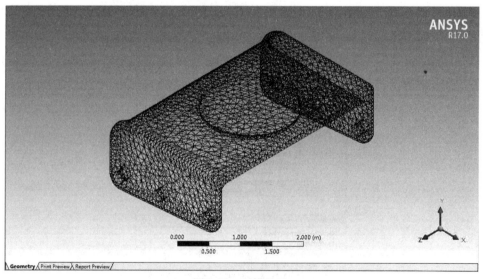

图 9-72 网格效果

6. 施加载荷与约束

(1) 选择 Mechanical 界面左侧 Outline(分析树)中的 Modal(B5)选项，此时会出现图 9-73 所示的 Environment 工具栏。

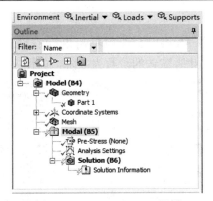

图 9-73 Environment 工具栏

(2) 选择 Environment 工具栏中的 Supports(约束)→Fixed Support(固定约束)命令，此时在分析树中会出现 Fixed Support 选项，如图 9-74 所示。

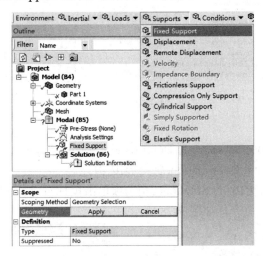

图 9-74 添加固定约束

(3) 选中 Fixed Support，选中底座零件的六个孔，单击 Details of "Fixed Support" 中 Geometry 选项下的 Apply 按钮，即可在选中面上施加固定约束，如图 9-75 所示。

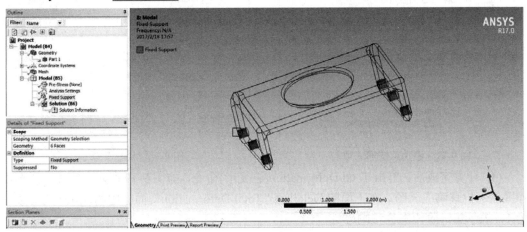

图 9-75 施加固定约束

7. 模态求解

在 Outline(分析树)中的 Modal(55)选项单击鼠标右键，在弹出的快捷菜单中选择 Solve 命令进行模态分析，此时默认的阶数为 6 阶，如图 9-76 所示。

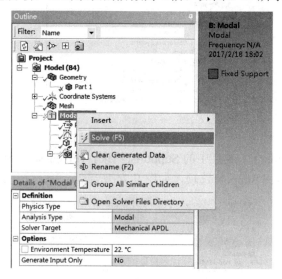

图 9-76 求解

8. 结果后处理

(1) 选择 Solution(B6)工具栏中的 Deformation(变形)→Total 命令，如图 9-77 所示，此时在分析树中会出现 Total Deformation(总变形)选项。

(2) 在 Outline(分析树)中的 Solution(B6)选项单击鼠标右键，在弹出的快捷菜单中选择 Equivalent All Results 命令，如图 9-78 所示。

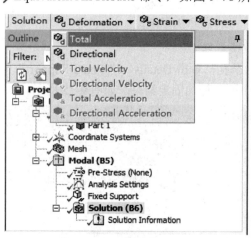
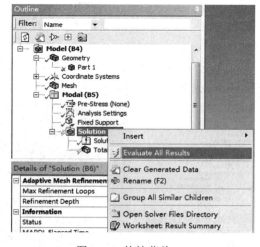

图 9-77 添加总变形选项　　　　　　　　图 9-78 快捷菜单

(3) 计算完成后，单击 Total Deformation(总变形)命令，如图 9-79 所示，此时在图形操作区显示位移响应云图，在下面的 Detail of "Total Deformation" 面板中的 Mode 栏的数值为 1，表示第一阶模态位移响应。

(4) 前六阶的固有频率如图 9-80 所示。

第9章 动力学分析

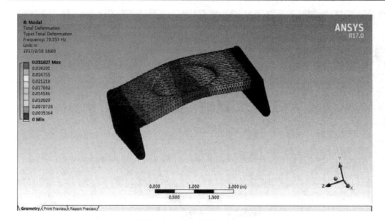

图 9-79　计算位移　　　　　　　图 9-80　前六阶固有频率

(5) 单击 ❌ 按钮关闭 Mechanical 界面。

9. 创建谐响应分析项目

(1) 如图 9-81 所示，将 Toolbox(工具箱)中的 Harmonic Response(谐响应分析)命令直接拖曳到项目 B(模态分析)的 B6 Solution 中。

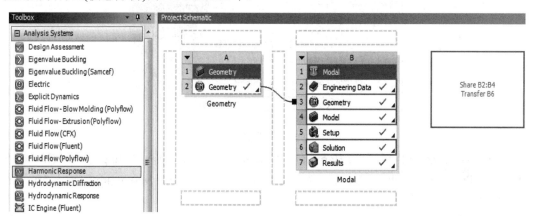

图 9-81　创建谐响应分析

(2) 如图 9-82 所示，此时项目 B 的所有前处理数据已经全部导入到项目 C 中，此时如果双击项目 C 中的 C5 Setup 命令即可直接进入 Mechanical 界面。

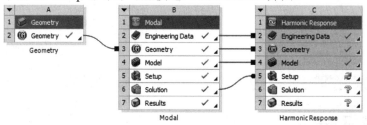

图 9-82　工程数据共享

10. 施加载荷和约束

(1) 双击主界面项目管理区项目 C 中的 C5 栏 Setup 项，进入如图 9-83 所示 Mechanical 界面，在该界面下即可进行网格的划分、分析设置、结果观察等操作。

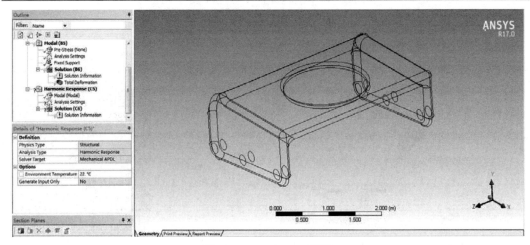

图 9-83　Mechanical 界面

(2) 在 Outline(分析树)中的 Modal(B5)选项单击鼠标右键，在弹出的快捷菜单中选择 Solve 命令进行模态分析，如图 9-84 所示。

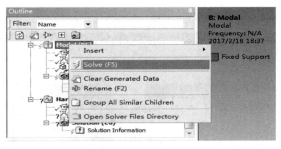

图 9-84　模态计算

(3) 在 Outline(分析树)中的 Harmonic Response(C5)→Analysis Setting 选项单击，在下面出现的 Detail of "Analysis Setting" 选项的 Option 中，在 Range Maximum 中输入 500 Hz，如图 9-85 所示。

(4) 选择 Mechanical 界面左侧 Outline(分析树)中的 Harmonic Response(C5)选项，如图 9-86 所示，选择 Environment 工具栏中的 Load(载荷)→Force(力)命令，此时在分析树中会出现 Force 选项。

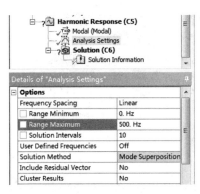

图 9-85　模频率设定

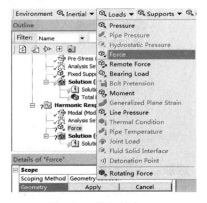

图 9-86　施加外力

(5) 如图 9-87 所示，选中 Force，单击 Detail of "Force"面板中的 Scope→Geometry 命令，然后在 Workbench 分析区中选择结构体的上顶面，在 Magnitude 栏中输入-10 N，在 Phase Angle 栏中输入 30°，完成力矩的设置。

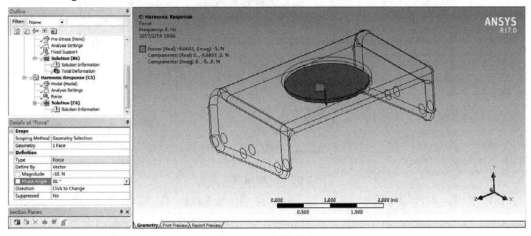

图 9-87 数值设定

11. 谐响应计算

如图 9-88 所示，右击 Harmonic Response(C5)命令，在弹出的快捷菜单中选择 Solve(F5) 命令。

图 9-88 求解

12. 结果后处理

(1) 选择 Solution(C6)工具栏中的 Deformation(变形)→Total 命令，如图 9-89 所示，此时在分析树中会出现 Total Deformation(总变形)选项。

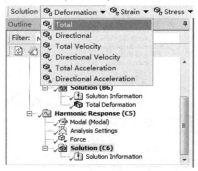

图 9-89 添加位移响应

(2) 图 9-90 所示为频率为 500 Hz、相角为 0°时的位移响应云图。

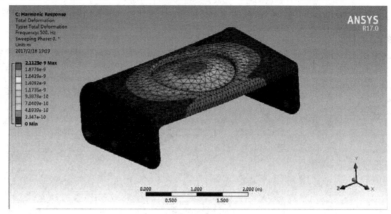

图 9-90　位移响应云图

(3) 如图 9-91 所示，选择圆面后再在 Solution 工具栏中选择 Frequency Response→Deformation 命令，此时在分析树中会出现 Total Deformation(总变形)选项。

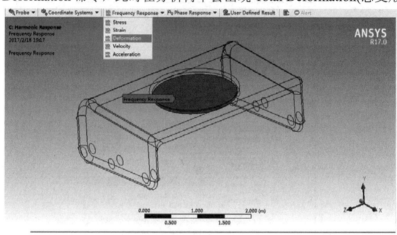

图 9-91　添加变形选项

(4) 在 Outline(分析树)中的 Solution(C6)选项单击鼠标右键，在弹出的快捷菜单中选择 Evaluate All Results 命令，如图 9-92 所示。

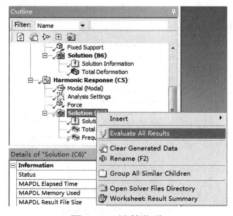

图 9-92　计算位移

(5) 选择 Outline(分析树)中 Solution(C6)下的 Frequency Response，此时会出现图 9-93 所示的节点随频率变化曲线。

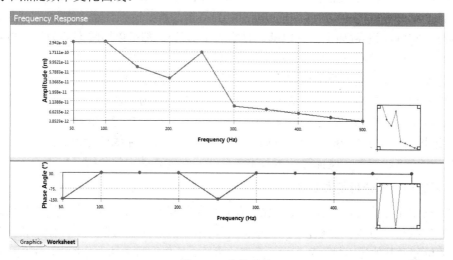

图 9-93　变化曲线

(6) 图 9-94 所示为各阶响应频率及相角。

Tabular Data

	Frequency [Hz]	Amplitude [m]	Phase Angle [°
1	50.	2.8506e-010	-150.
2	100.	2.942e-010	30.
3	150.	7.3071e-011	30.
4	200.	3.9361e-011	30.
5	250.	1.6528e-010	-150.
6	300.	8.5484e-012	30.
7	350.	7.3696e-012	30.
8	400.	5.8744e-012	30.
9	450.	4.7176e-012	30.
10	500.	3.8523e-012	30.

图 9-94　各阶响应频率及相角

13. 保存与退出

(1) 单击 Mechanical 界面右上角的×(关闭)按钮，退出 Mechanical 返回到 Workbench 主界面，此时主界面中的项目管理区中显示的分析项目均已完成。

(2) 在 Workbench 主界面中单击常用工具栏中的 Save(保存)按钮，保存为 Harmonic Response 文件名。

(3) 单击右上角的×(关闭)按钮，退出 Workbench 主界面，完成项目分析。

9.10　瞬态动力学分析

1. 瞬态动力学分析简介

瞬态动力学分析即时域分析，是一种用来分析结构在随时间任意变化的载荷作用下，动力响应过程的技术。其输入数据是作为时间函数的载荷，而输出数据是随时间变化的位移或其他输出量,如应力应变等。

瞬态动力学分析的应用十分广泛。对于承受各种冲击载荷的结构(如汽车的门、缓冲器、车架、悬挂系统等),承受各种随时间变化的载荷的结构(如桥梁、建筑物等),以及承受撞击和颠簸的家庭和设备(如电话、电脑、真空吸尘器等),都可以用瞬态动力学分析对它们在动力响应过程中的刚度、强度进行计算模拟。

瞬态动力学分析包括线性瞬态动力学分析和非线性瞬态动力学分析两种分析类型。所谓线性瞬态动力学分析,是指模型中不包括任何非线性行为。适用于线性材料、小位移、小应变、刚度不变结构的瞬态动力学分析,其算法有两种:直接法和模态叠加法。

非线性瞬态动力学分析的应用更加广泛,可以考虑各种非线性行为,如材料非线性、大变形、大位移、接触、碰撞等。本节主要介绍线性瞬态动力学分析。

2. 瞬态动力学分析基本公式

瞬态动力学分析是确定随时间变化载荷作用下结构响应的技术。它的输入数据是作为时间函数的载荷,可以是静载荷、瞬态载荷和简谐载荷的随意组合作用。输出数据是随时间变化的位移及其他导出量,如应力、应变、力等。所以在瞬态动力分析中,密度或质点质量、弹性模量及泊松比、阻尼等因素均应考虑;在 ANSYS 分析过程中,密度或质量、弹性模量是必须输入的,忽略阻尼时可以选择忽略选项。瞬态动力学分析可以应用于承受各种冲击载荷的结构(如炮塔、汽车车门等),应用于承受各种随时间变化载荷的结构(如混凝土泵车臂架、起重机吊臂、桥梁等),应用于承受撞击和颠簸的办公设备(如移动电话、笔记本电脑等)。同时 ANSYS 在瞬态动力学分析中可以使用线性和非线性单元(仅在完全瞬态动力学中使用)。材料性质可以是线性或非线性、各向同性或正交各向异性、温度恒定的或温度相关的。

ANSYS 在进行瞬态动力学分析中可以采用三种方法,即 Full(完全)法、Reduced(缩减)法和 Mode Superposition(模态叠加)法。ANSYS 提供了各种分析类型和分析选项,使用不同的方法,ANSYS 软件会自动配置相应选择项目。

在瞬态分析中,时间总是计算的跟踪参数,在整个时间历程中,同样载荷也是时间的函数,依据载荷变化方式,可以将整个时间历程划分成多个载荷步(LoadStep),每个载荷步代表载荷发生一次突变或一次渐变阶段。在每个载荷步时间内,载荷增量又可以划分多个子步(Substep),在子步载荷增量的条件下程序进行迭代计算(即 Iteriation),经过多个子步的求解实现一个载荷步的求解,进而获得多个载荷步的求解,从而实现整个载荷时间历程的求解。

利用 ANSYS 进行瞬态动力学分析时,可以在实体模型或有限元模型上施加下列载荷:约束(Displacement)、集中力(Force)、力矩(Moment)、面载荷(Pressure)、体载荷(Temperature、Fluence)、惯性力(Gravity、Spinning 等)。在 ANSYS 中,进行多载荷步加载的基本方法有三种:① 连续多载荷步加载法;② 定义载荷步文件批加载法;③ 定义表载荷加载法。根据经典力学理论,对结构进行瞬态动力学分析的通用方程见式(8-1)。

9.11 瞬态动力学分析案例

问题描述

计算钢构架模型在表 9-1 所示地震加速度谱作用下的结构响应。

表 9-1　地震加速度谱数据　　　　　　　　　　　　　(m/s2)

时间步	水平加速度 m/s²	竖向加速度 m/s²	时间步	水平加速度 m/s²	竖向加速度 m/s²
0.1	0	0	2.6	1.2981	2.5962
0.2	0.2719	0.5437	2.7	2.3227	4.6453
0.3	1.1146	2.2292	2.8	2.3617	4.7235
0.4	1.1877	2.3753	2.9	−2.8035	−5.607
0.5	0.2243	0.4486	3.0	1.451	2.9021
0.6	−2.2734	−4.5468	3.1	−5.4473	−10.8946
0.7	−0.9515	−1.903	3.2	0.4774	0.9549
0.8	2.2938	4.5876	3.3	−8.1642	−16.3284
0.9	4.0099	8.0198	3.4	−0.3636	−0.7272
1.0	1.9812	3.9623	3.5	1.9913	3.9827
1.1	1.609	3.2181	3.6	2.2309	4.4618
1.2	−1.5037	−3.0074	3.7	−5.082	−10.164
1.3	1.626	3.2521	3.8	−3.8687	−7.7173
1.4	0.8003	1.6006	3.9	12.2624	24.5248
1.5	2.9513	5.9027	4.0	2.3651	4.7303
1.6	0.9056	1.8112	4.1	0.6898	1.3797
1.7	0.3075	0.6151	4.2	−6.2561	−12.5122
1.8	2.0678	4.1356	4.3	1.5258	3.0516
1.9	0.5182	1.0365	4.4	−3.5205	−7.0411
2.0	0.4825	0.9651	4.5	−0.4299	−0.8597
2.1	−3.3812	−6.7624	4.6	3.0907	6.1813
2.2	0.5216	1.0534	4.7	−0.3959	−0.7918
2.3	−2.9853	−5.9706	4.8	1.412	2.8239
2.4	−1.8435	−3.687	4.9	−4.1645	−8.329
2.5	−1.1061	−2.2122	5.0	1.1588	2.3176

1. 启动 Workbench 并建立分析项目

(1) 在 Windows 系统下执行"开始"→"所有程序"→ANSYS 17.0→Workbench 17.0 命令，启动 ANSYS Workbench 17.0，进入主界面。

(2) 双击主界面 Toolbox (工具箱)中的 Component Systems→Geometry(几何)选项，即可在 Project Schematic(项目管理区)创建分析项目 A，如图 9-95 所示。

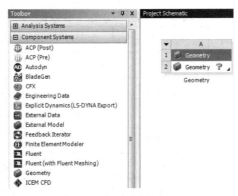

图 9-95　创建分析项目 A

2. 创建几何体模型

(1) 在 A2 Geometry 上右击，在弹出的快捷菜单中选择 Import Geometry→Browse 命令，如图 9-96 所示，此时会弹出"打开"对话框。

图 9-96　导入几何体

(2) 在弹出的"打开"对话框中选择文件路径，导入 GANGJIEGOU.agdb 几何体文件，如图 9-97 所示。此时 A2 Geometry 后的 ? 变为 ✓，表示实体模型已经存在。

图 9-97　打开对话框

(3) 双击项目 A 中的 A2 栏 Geometry，此时会进入到 DesignModeler 界面，在 DesignModeler 软件绘图区域会显示几何模型，如图 9-98 所示。

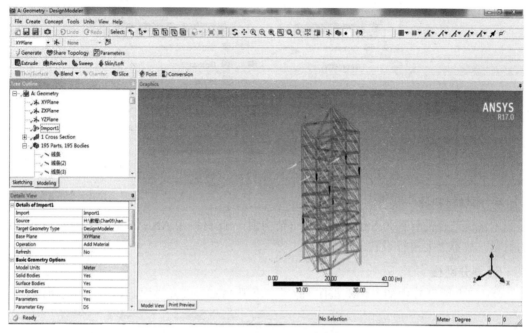

图 9-98 生成 DesignModeler 界面

(4) 单击工具栏上的 ![保存] 按钮保存文件，单击右上角 按钮，退出 DesignModeler，返回到 Workbench 主界面。

3. 瞬态动力学分析

(1) 双击主界面 Toolbox (工具箱)中的 Analysis Systems→Transient Structural(瞬态动力学分析)选项，即可在 Project Schematic(项目管理区)创建分析项目 B，如图 9-99 所示。

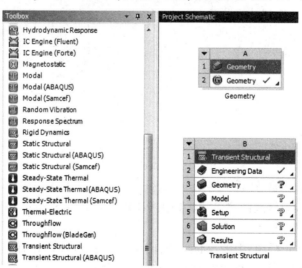

图 9-99 创建分析项目 B

(2) 如图 9-100 所示，单击项目 A 中的 A2(Geometry)直接拖曳到项目 B 的 B3(Geometry)中。

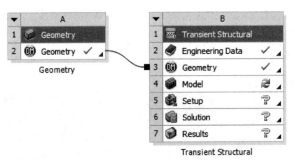

图 9-100　几何数据共享

4. 添加材料库

本案例选择的材料为 Structural Steel(结构钢)，此材料为 ANSYS Workbench 17.0 默认的材料，故不需要进行设置。

5. 划分网格

(1) 双击项目 B 中的 B4(Model)，此时会出现 Mechanical 界面，如图 9-101 所示。

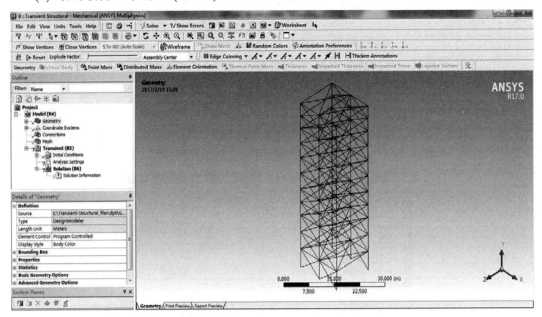

图 9-101　Mechanical 界面

(2) 选择 Mechanical 界面左侧 Outline(分析树)中的 Mesh 选项，此时可在 Details of "Mesh"(参数列表)中修改网格参数，如图 9-102 所示，在 Sizing 中的 Element Size 中输入 0.5 m，其余采用默认设置。

(3) 在 Outline(分析树)中的 Mesh 选项单击鼠标右键，在弹出的快捷菜单中选择 Generate Mesh 命令，此时会弹出如图 9-103 所示的进度显示条，表示网格正在划分。当网格划分完成后，进度条自动消失，最终的网格效果如图 9-104 所示。

第 9 章　动 力 学 分 析

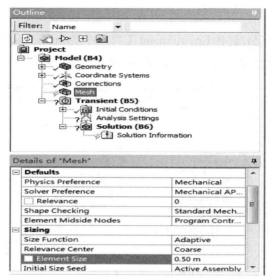

图 9-102　设置网格大小

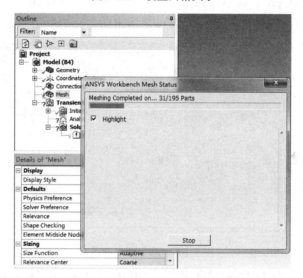

图 9-103　生成网格

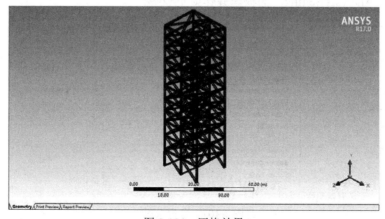

图 9-104　网格效果

6. 施加约束

(1) 单击 Transient(B5)，选择 Environment 工具栏中的 Supports(约束)→Fixed Support(固定约束)命令，此时在分析树中会出现 Fixed Support 选项，如图 9-105 所示。

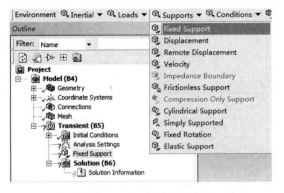

图 9-105　添加固定约束

(2) 选中 Fixed Support，选中钢构架下端的六个节点，单击 Details of "Fixed Support" 中 Geometry 选项下的 Apply 按钮，即可在选中面上施加固定约束，如图 9-106 所示。

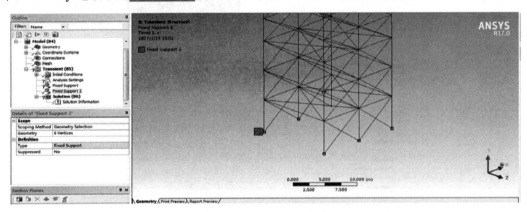

图 9-106　施加固定约束

(3) 分析设置。单击 Transient(B5) 下的 Analysis Setting 命令，会出现如图 9-107 所示的 Detail of "Analysis Setting" 面板，并作如下设置：

① 在 Number Of Steps 栏中输入 50，设置总时间步长为 50；

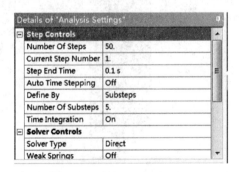

图 9-107　分析设置

② 在 Current Step Number 栏中输入 1，设置当前时间步；

③ 在 Step End Time 栏中输入 0.1 s，设置第一个时间步结束的时间为 0.1 s；

④ 在 Number Of Substeps 栏中输入 5，设置子时间步为 5 步；

⑤ 在 Solver Type 栏中选择求解器类型为 Direct(直接求解器)；

⑥ 其余选项默认即可。

(4) 同样设置其余 49 个时间步的上述参数，完成后如图 9-108 所示。

(5) 选择 Transient(B5)命令，单击工具栏中 Inertial(惯性)下的 Acceleration(加速度)，在出现的 Detail of “Acceleration” 面板中进行设置，如图 9-109 所示。

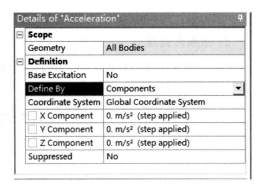

Tabular Data

	Steps	End Time [s]
1	1	0.1
2	2	0.2
3	3	0.3
4	4	0.4
5	5	0.5
6	6	0.6
7	7	0.7
8	8	0.8
9	9	0.9
10	10	1.
11	11	1.1
12	12	1.2
13	13	1.3
14	14	1.4
15	15	1.5
16	16	1.6
17	17	1.7
18	18	1.8
19	19	1.9
20	20	2.
21	21	2.1
22	22	2.2
23	23	2.3
24	24	2.4
25	25	2.5

Tabular Data

	Steps	End Time [s]
25	25	2.5
26	26	2.6
27	27	2.7
28	28	2.8
29	29	2.9
30	30	3.
31	31	3.1
32	32	3.2
33	33	3.3
34	34	3.4
35	35	3.5
36	36	3.6
37	37	3.7
38	38	3.8
39	39	3.9
40	40	4.
41	41	4.1
42	42	4.2
43	43	4.3
44	44	4.4
45	45	4.5
46	46	4.6
47	47	4.7
48	48	4.8
49	49	4.9
50	50	5.

图 9-108　时间步输入

Details of "Acceleration"

Scope	
Geometry	All Bodies
Definition	
Base Excitation	No
Define By	Components
Coordinate System	Global Coordinate System
X Component	0. m/s² (step applied)
Y Component	0. m/s² (step applied)
Z Component	0. m/s² (step applied)
Suppressed	No

图 9-109　加速度类型设置

在 Define By 栏中选择 Component 选项，此时下面会出现 X Component、Y Component 及 Z Component 三个输入栏。

(6) 将表 9-1 中的数值输入到右下侧的 Tabular Data 表中，输入完成后如图 9-110 所示。

Tabular Data

	Steps	[s]	X [m/s²]	Y [m/s²]	Z [m/s²]
1	1		0.	0.	0.
2	1		0.	0.	0.
3	2		0.5437	0.2719	0.
4	3		2.2292	1.1146	0.
5	4		2.3753	1.1877	0.
6	5		0.4486	0.2243	0.
7	6		-4.5468	-2.2734	0.
8	7		-1.903	-0.9515	0.
9	8		4.5876	2.2938	0.
10	9		8.0198	4.0099	0.
11	10		3.9623	1.9812	0.
12	11		3.2181	1.609	0.
13	12		-3.0074	-1.5037	0.
14	13		3.2521	1.626	0.
15	14		1.6006	0.8003	0.
16	15		5.9027	2.9513	0.
17	16		1.8112	0.9056	0.
18	17		0.6151	0.3075	0.
19	18		4.1356	2.0678	0.
20	19		1.0365	0.5182	0.
21	20		0.9651	0.4825	0.
22	21		-6.7624	-3.3812	0.
23	22		1.0534	0.5216	0.
24	23		-5.9706	-2.9853	0.
25	24		-3.687	-1.8435	0.
26	25		-2.2122	-1.1061	0.
27	26		2.5962	1.2981	0.
28	27		4.6453	2.3227	0.
29	28		4.7235	2.3617	0.
30	29		-5.607	-2.8035	0.
31	30		2.9021	1.451	0.
32	31		-10.895	-5.4473	0.
33	32		0.9549	0.4774	0.
34	33		-16.328	-8.1642	0.
35	34		-0.7272	-0.3636	0.
36	35		3.9827	1.9913	0.
37	36		4.4618	2.2309	0.
38	37		-10.164	-5.082	0.
39	38		-7.7173	-3.8687	0.
40	39		24.525	12.262	0.
41	40		4.7303	2.3651	0.
42	41		1.3797	0.6898	0.
43	42		-12.512	-6.2561	0.
44	43		3.0516	1.5258	0.
45	44		-7.0411	-3.5205	0.
46	45		-0.8597	-0.4299	0.
47	46		6.1813	3.0907	0.
48	47		-0.7918	-0.3959	0.
49	48		2.8239	1.412	0.
50	49		-8.329	-4.1645	0.
51	50		2.3176	1.1588	0.

图 9-110　加速度谱值输入

7. 瞬态动力分析求解

在 Outline(分析树)中的 Transient(B5)选项单击鼠标右键,在弹出的快捷菜单中选择 ≯Solve 命令,此时会弹出进度显示条,表示正在求解,当求解完成后进度条自动消失,如图 9-111 所示。

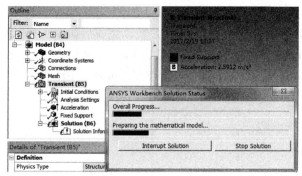

图 9-111　求解

8. 结果后处理

(1) 选择 Solution(B6)工具栏中的 Deformation(变形)→Total 命令,如图 9-112 所示,此时在分析树中会出现 Total Deformation(总变形)选项。

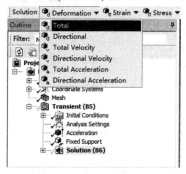

图 9-112　添加总变形选项

(2) 在 Outline(分析树)中的 Solution(B6)选项单击鼠标右键,在弹出的快捷菜单中选择 ≯Equivalent All Results 命令,如图 9-113 所示为总位移云图。

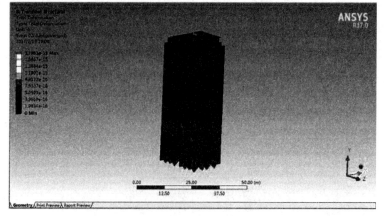

图 9-113　总位移云图

(3) 选择 Solution(B6)工具栏中的 Deformation(变形)→Total Acceleration 命令，此时在分析树中会出现 Total Acceleration(总加速度)选项。

(4) 选择 Outline(分析树)中的 Solution(B6)下的 Total Acceleration(总加速度)，此时会出现如图 9-114 所示的总加速度云图。

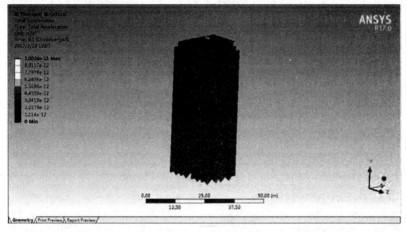

图 9-114　总加速度云图

(5) 右击选择 Solution→Insert→Beam Results→Axial Force(梁单元内力)命令，如图 9-115 所示。

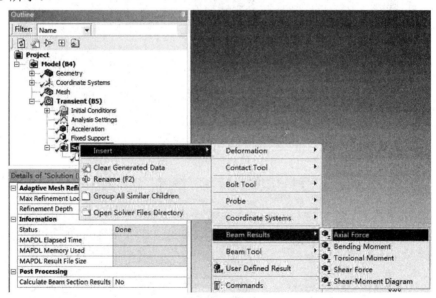

图 9-115　内力选项

(6) 同样选择 Bending Moment(弯矩)、Torsional Moment(扭矩)及 Shear Force(剪应力)命令。

(7) 在 Outline(分析树)中的 Solution(B6)选项单击鼠标右键，在弹出的快捷菜单中选择 Equivalent All Results 命令。

(8) 选择 Outline(分析树)中 Solution(B6)下的 Axial Force，此时会出现如图 9-116 所示的内力分布云图。

图 9-116 内力分布云图

(9) 同样查看 Bending Moment(弯矩)、Torsional Moment(扭矩)及 Shear Force(剪应力)分布云图,如图 9-117~图 9-119 所示。

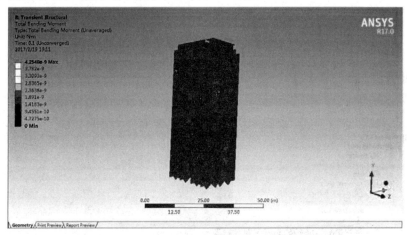

图 9-117 弯矩分布云图

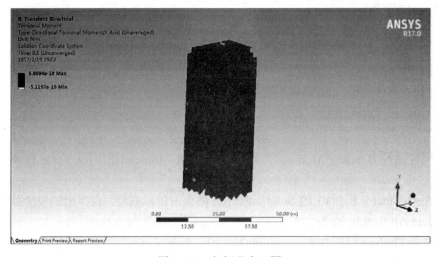

图 9-118 扭矩分布云图

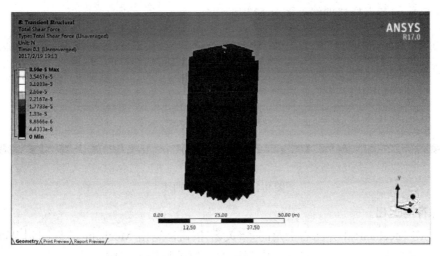

图 9-119　剪应力分布云图

(10) 单击如图 9-120 所示的图标可以播放相应后处理的动画，单击 图标可以输出动画。

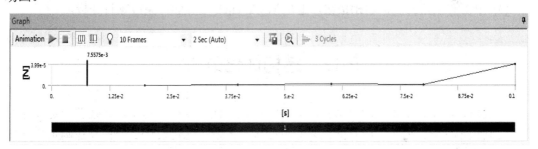

图 9-120　动态显示及动画输出

(11) 选择图示的节点，右击选择 Solution→Insert→Probe→Deformation 命令，如图 9-121 所示。

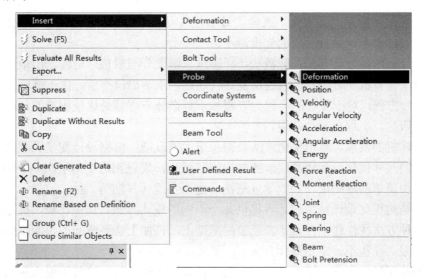

图 9-121　后处理

(12) 完成的节点位移曲线如图 9-122 所示。

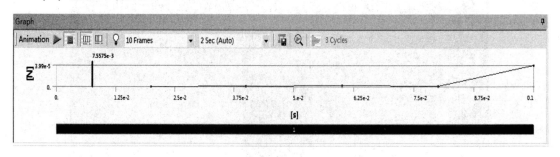

图 9-122 节点位移曲线

9. 保存与退出

(1) 单击 Mechanical 界面右上角的 ⊠(关闭)按钮，退出 Mechanical 返回到 Workbench 主界面，此时主界面中的项目管理区中显示的分析项目均已完成。

(2) 在 Workbench 主界面中单击常用工具栏中的 Save(保存)按钮，保存为 Transient_Structural 文件名。

(3) 单击右上角的 ⊠(关闭)按钮，退出 Workbench 主界面，完成项目分析。

9.12 结构优化分析

一般而言，设计主要有两种形式，即功能设计和优化设计。功能设计强调的是设计不仅能达到预定的设计要求，而且能在某些方面进行改进；优化设计是一种寻找确定最优化方案的技术。

9.12.1 结构优化设计概述

所谓"优化"是指"最大化"或者"最小化"，而"优化设计"指的是一种方案可以满足所有的设计要求，而且需要的支出最小。

优化设计有两种分析方法：解析法，即通过求解微分与极值，进而求出最小值；数值法，即借助于计算机和有限元，通过反复迭代逼近，求解出最小值。由于解析法需要列方程，求解微分方程，对于复杂的问题列方程和求解微分方程都是比较困难的，所以解析法常用于理论研究，工程上很少使用。

随着计算机的发展，结构优化算法取得了更大的发展，根据设计变量类型的不同，已由较低层次的尺寸优化，到较高层次的结构形状优化，现已到达更高层次——拓扑优化。优化算法也由简单的准则法，到数学规划法，进而到遗传算法等。

传统的结构优化设计是由设计者提供几个不同的设计方案，从中比较，挑选出最优化的方案。这种方法往往建立在设计者经验的基础上，再加上资源时间的限制，提供的可选方案数量有限，往往不一定是最优方案。

果想获得最佳方案，就要提供更多的设计方案进行比较，这将需要大量的资源，单靠人力往往难以实现，只能靠计算机来完成。ANSYS 软件作为通用的有限元分析工具，除了拥有强大的前后处理器外，还具有良好的优化设计功能，可进行结构尺寸优化和拓扑优化，而且其本身提供的算法能满足工程需要。

9.12.2 Workbench 结构优化分析简介

ANSYS Workbench Environment(AWE)是 ANSYS 公司开发的新一代前后处理环境，位于一个 CAE 协同平台中。该环境提供了与 CAD 软件及设计流程高度的集成性，并且新版本增加了 ANSYS 很多软件模块，实现了很多常用功能，使产品在开发中能快速应用 CAE 技术进行分析，从而减少产品设计周期，提高产品附加价值。

从易用性和高效性来说，AWE 下的 DesignXplorer 模块为优化设计提供了一个几乎完美的方案，CAD 模型需改进的设计变量可以传递到 AWE 环境下，并且在 DesignXplorer/VT 下设定好约束条件及设计目标后，可以高度自动化地实现优化设计并返回相关图表。

在保证产品达到某些性能目标并满足一定约束条件的前提下，通过改变某些允许改变的设计变量，使产品的指标或性能达到最期望的目标，就是优化方法。

优化作为一种数学方法，通常是利用对解析函数求极值的方法来达到寻求最优值的目的。基于数值分析技术的 CAE 方法，显然不可能对我们的目标得到一个解析函数，CAE 计算所求得的结果只是一个数值。然而，样条插值技术又使 CAE 中的优化成为可能，多个数值点可以利用插值技术形成一条连续的可用函数表达的曲线或曲面，如此便回到了数学意义上的极值优化技术上来。

样条插值方法当然是一种近似方法，通常不可能得到目标函数的准确曲面，但利用上次计算的结果再次插值得到一个新的曲面，相邻两次得到的曲面的距离会越来越近，当它们的距离小到一定程度时，可以认为此时的曲面可以代表目标曲面。那么，该曲面的最小值便可以认为是目标最优值。以上就是 CAE 方法中的优化处理过程。一个典型的 CAD 与 CAE 联合优化过程通常需要经过以下的步骤来完成：

(1) 参数化建模：利用 CAD 软件的参数化建模功能把将要参与优化的数据(设计变量)定义为模型参数，为以后软件修正模型提供可能。

(2) CAE 求解：对参数化 CAD 模型进行加载与求解。

(3) 后处理：提取出约束条件和目标函数(优化目标)，以供优化处理器进行优化参数评价。

(4) 优化参数评价：优化处理器根据本次循环提供的优化参数(设计变量、约束条件、状态变量及目标函数)与上次循环提供的优化参数作比较之后确定该次循环目标函数是否达到了最小，或者说结构是否达到了最优，如果最优，则完成迭代，退出优化循环圈，否则，进行下一步。

(5) 根据已完成的优化循环和当前优化变量的状态修正设计变量，重新投入循环。

9.12.3 Workbench 结构优化分析

ANSYS Workbench 平台的优化分析工具包括 5 种，即 Direct Optimization(Beta)(直接

优化工具)、Goal Driven Optimization(多目标驱动优化分析工具)、Parameters Correlation(参数相关性优化分析工具)、Response Surface(响应曲面优化分析工具)及 Six Sigma Analysis(六西格玛优化分析工具)。

(1) Direct Optimization(Beta)(直接优化工具)：设置优化目标，利用默认参数进行优化分析，从中得到期望的组合方案。

(2) Goal Driven Optimization(多目标驱动优化分析工具)：从给定的一组样本中得到最佳的设计点。

(3) Parameters Correlation(参数相关性优化分析工具)：通过图表来动态地显示输入与输出参数之间的关系。

(4) Response Surface(响应曲面优化分析工具)：可以得出某一输入参数对响应曲面的影响的大小。

(5) Six Sigma Analysis(六西格玛优化分析工具)：基于六个标准误差理论来评估产品的可靠性概率，从而判断产品是否满足六西格玛准则。

9.13 优化分析案例——响应曲面优化分析

问题描述

采用优化分析工具对几何模型进行优化分析。

1. 启动 Workbench 并建立分析项目

(1) 在 Windows 系统下执行"开始"→"所有程序"→ANSYS 17.0→Workbench 17.0 命令，启动 ANSYS Workbench 17.0，进入主界面。

(2) 双击主界面 Toolbox (工具箱)中的 Analysis Systems→Static Structural(静态结构分析)选项，即可在 Project Schematic(项目管理区)创建分析项目 A，如图 9-123 所示。

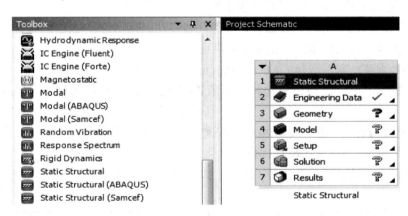

图 9-123 创建分析项目 A

2. 创建几何体模型

(1) 在 A3 Geometry 上右击,在弹出的快捷菜单中选择 Import Geometry→Browse 命令，如图 9-124 所示，此时会弹出"文件打开"对话框。

第 9 章 动 力 学 分 析 ·209·

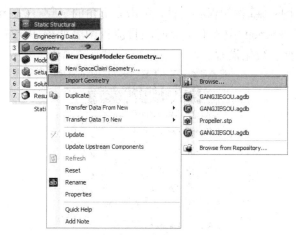

图 9-124 导入几何体

(2) 在弹出的"打开"对话框中选择文件路径，如图 9-125 所示，选择 DOE.agdb 几何体文件，此时 A2 Geometry 后的 ❓ 变为 ✓，表示实体模型已经存在。

图 9-125 选择几何体文件

(3) 双击项目 A 中的 A3 栏 Geometry，此时会进入到 DesignModeler 界面，如图 9-126 所示，在模型中将零件的最大集中应力设置为优化参数对象。

图 9-126 生成 Design Modeler 界面

(4) 单击工具栏上的 ■ 按钮保存文件，单击右上角的 ■ (关闭)按钮，退出 Design Modeler，返回到 Workbench 主界面，此时项目流程图表如图 9-127 所示，下面出现的 Parameter Set 可以进行参数化设置。

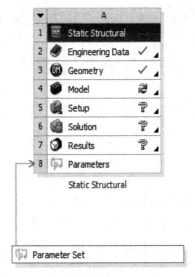

图 9-127　参数化设置

(5) 双击 A4(Model)，进入图 9-128 所示的有限元分析平台，设置边界条件如下：

① 选择 Support→Cylindrical Support 并选择左侧的圆孔；

② 选择 Load→Bearing Load 选择右侧的圆孔，并将 Define By 设置成 Component，在 X Component 中输入 11；

③ 在 Solution 中添加 Equivalent Stress 及 Total Deformation 两个选项，并分别设置最大应力及最大总应变为参数化，如图 9-129 所示。

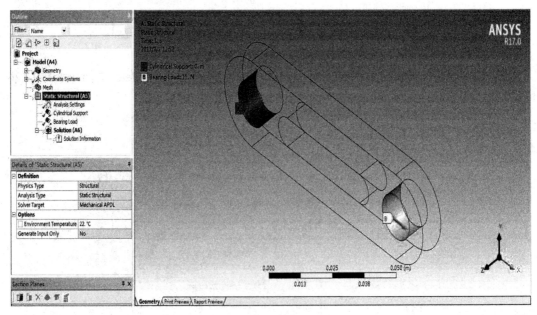

图 9-128　添加条件

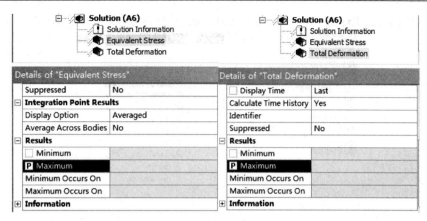

图 9-129　添加选项

(6) 将外载荷和质量设置为参数化对象，如图 9-130 和图 9-131 所示。

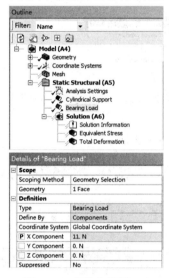

图 9-130 参数化设置(一)　　图 9-131 参数化设置(二)

(7) 双击 Workbench 平台中的 Parameter Set 选项，此时弹出图 9-132 所示的输入和输出列表框。

Outline of Schematic A8: Parameters

	A	B	C	D
1	ID	Parameter Name	Value	Unit
2	Input Parameters			
3	Static Structural (A1)			
4	P1	ds_cutout	4.9794	mm
5	P4	Bearing Load X Component	11	N
*	New input parameter	New name	New expression	
7	Output Parameters			
8	Static Structural (A1)			
9	P2	Equivalent Stress Maximum		Pa
10	P3	Total Deformation Maximum		m
11	P5	Solid Mass		kg
*	New output parameter		New expression	
13	Charts			

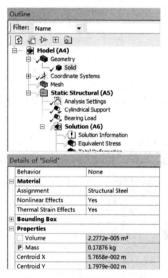

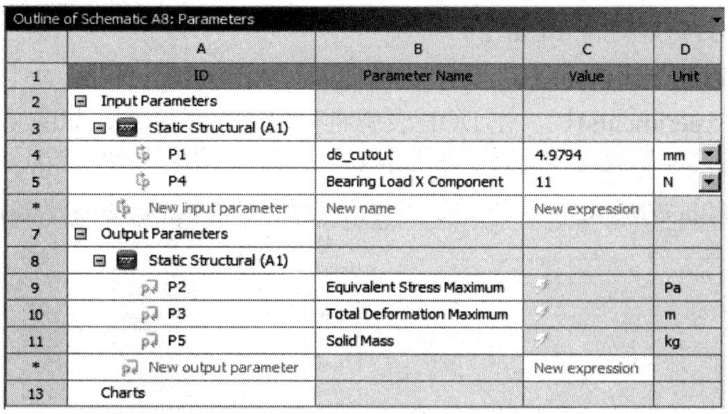

图 9-132　输入输出列表框

(8) 返回到 Workbench 平台。

(9) 双击 Design Exploration→Response Surface(响应面)选项，如图 9-133 所示。

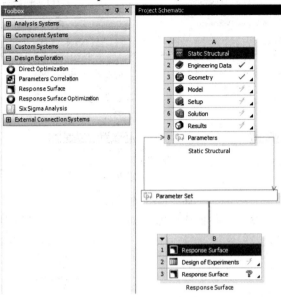

图 9-133　添加响应面

(10) 双击项目 B 中的 B2(Design of Experiments)，进入参数列表，如图 9-134 所示，确定输入输出。

(11) 确定输入数值的初始值及上下限值，如图 9-135 所示。

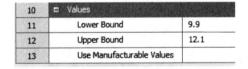

Outline of Schematic B2: Design of Experiments

	A	B
1		Enabled
2	Design of Experiments	
3	Input Parameters	
4	Static Structural (A1)	
5	P1 - ds_cutout	☑
6	P4 - Bearing Load X Component	☑
7	Output Parameters	
8	Static Structural (A1)	
9	P2 - Equivalent Stress Maximum	
10	P3 - Total Deformation Maximum	
11	P5 - Solid Mass	
12	Charts	

图 9-134　确定输入输出

10	Values	
11	Lower Bound	9.9
12	Upper Bound	12.1
13	Use Manufacturable Values	

10	Values	
11	Lower Bound	4.4815
12	Upper Bound	5.4773
13	Use Manufacturable Values	

图 9-135　确定输入限值

(12) 单击 Workbench 平台上工具栏中的 Update All Design Points 命令，计算完成后双击 B2(Design of Experiments)栏，在 DOE 表中将列出 9 个设计点，如图 9-136 所示。

Table of Schematic B2: Design of Experiments (Central Composite Design : Auto Defined)

	A	B	C	D
1	Name	P4 - Bearing Load X Component (N)	P1 - ds_cutout	P3 - Equivalent Stress Maximum (Pa)
2	1 DP 4	11	4.9794	2.5895E+05
3	2	9.9	4.9794	2.3305E+05
4	3	12.1	4.9794	2.8484E+05
5	4	11	4.4815	2.569E+05
6	5	11	5.4773	3.2347E+05
7	6	9.9	4.4815	2.3121E+05
8	7	12.1	4.4815	2.8259E+05
9	8	9.9	5.4773	2.9112E+05
10	9	12.1	5.4773	3.5582E+05

图 9-136　设计点

3. 结果后处理

(1) 单击 Design Points vs Parameter 选项，会出现图 9-137 所示整体变形对设计点的关系曲线。

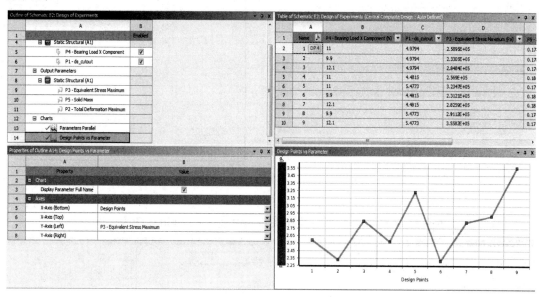

图 9-137　关系曲线

(2) 返回到 Workbench 平台，并在 B3(Response Surface)栏中右击选择 Update 命令，在图 9-138 所示的 Outline of Schematic B3：Response Surface 中选择 A17(Response)，此时右侧会显示等效应力的响应曲面图。

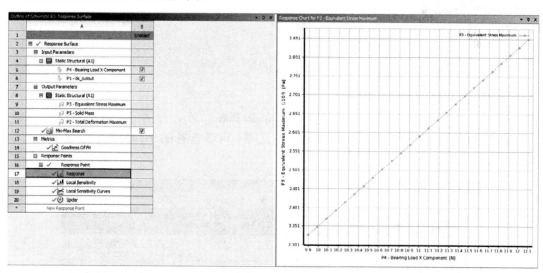

图 9-138　响应曲面

(3) 选择 Response 选项，然后在 Properties of Outline A17：Response 表中作如下设置：

① 在 Mode 栏中选择 2D；

② 在 X Axis 栏中选择 P4-Bearing Load，在 Y Axis 栏中选择 P2-Total Deformation，此时在右侧将显示二维载荷与变形关系曲线，如图 9-139 所示。

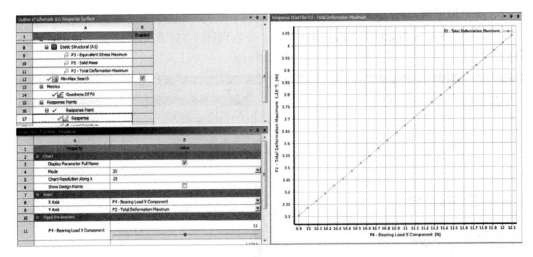

图 9-139 关系曲线

(4) 单击 Response→Spider 命令，显示图 9-140 所示的 Spider 图表。

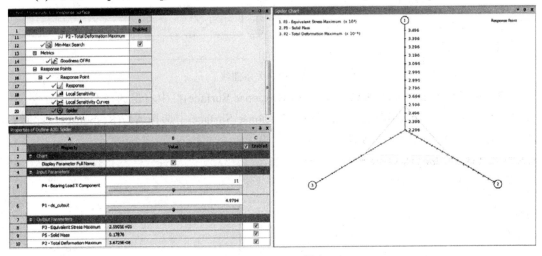

图 9-140 Spider 图表

(5) 用同样的方法单击 Min-Max Search 选项，可以查看图 9-141 所示的最小最大检索表。

	A	B	C	D
1	Name	P4 - Bearing Load X Component (N)	P1 - ds_cutout	P3 - Equivalent Stress Ma
2	Output Parameter Minimums			
3	P3 - Equivalent Stress Maximum	9.9	4.7299	2.2958E+05
4	P5 - Solid Mass	11.297	5.4773	3.3222E+05
5	P2 - Total Deformation Maximum	9.9	4.4815	2.3136E+05
6	Output Parameter Maximums			
7	P3 - Equivalent Stress Maximum	12.1	5.4773	3.5563E+05
8	P5 - Solid Mass	9.911	4.4815	2.3162E+05
9	P2 - Total Deformation Maximum	12.1	5.4773	3.5563E+05

图 9-141 最小最大检索表

(6) 返回到 Workbench 平台，双击 A6(Solution)表，在图 9-142 所示的 Response Char for

P2-Total Deformation Maximum 图表的曲面上右击，在弹出的快捷菜单中选择 Insert as Response Point 命令。

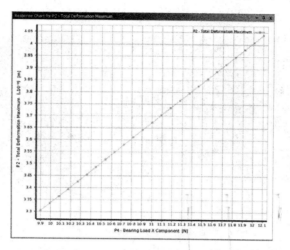

图 9-142　Response Char for P2-Total Deformation Maximum 图表

(7) 右击图 9-143 所示的 Response Point1，在弹出的快捷菜单中选择 Insert as Design Point 命令。

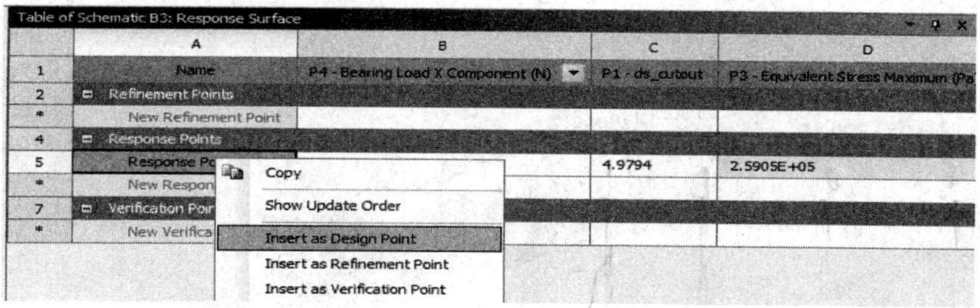

图 9-143　Insert as Design Point 命令

(8) 返回到 Workbench 平台，双击 Parameter Set 栏，在如图 9-144 所示的 DP 1 栏中右击，在弹出的快捷菜单中选择 Copy inputs to Current 命令，然后单击快捷菜单中的 Update Selected Design Points 命令。

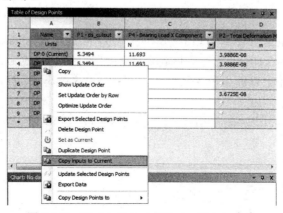

图 9-144　Update Selected Design Points 命令

(9) 返回 Workbench 平台,单击工具栏中的 Update Project 命令,更新数据。

(10) 双击项目 B 中的 B7(Results)栏,进入 Mechanical 界面,单击 Equivalent Stress 和 Total Deformation 命令,云图分别如图 9-145 和图 9-146 所示。

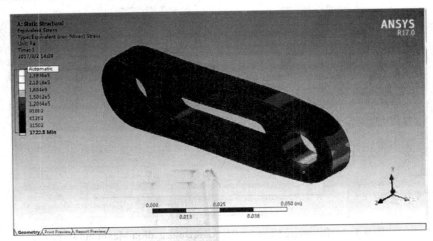

图 9-145　Equivalent Stress 云图

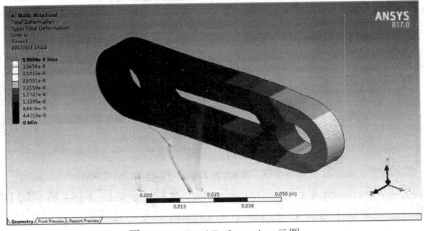

图 9-146　Total Deformation 云图

4. 保存与退出

(1) 单击 Mechanical 界面右上角的 ⊠(关闭)按钮,退出 Mechanical 返回到 Workbench 主界面,此时主界面中的项目管理区中显示的分析项目均已完成。

(2) 在 Workbench 主界面中单击常用工具栏中的 Save (保存)按钮,保存为 DOE 文件名。

(3) 单击右上角的 ⊠(关闭)按钮,退出 Workbench 主界面,完成项目分析。